수학에 심장을 달다

개념편

중등 2-1

중등 2-1

저자 서문

급변하는 시대와 그에 걸맞는 미래의 인재상을 위한 끊임없는 고민의 결과를 수학 교재에 담아보고자 노력하였습니다. 단순히 암기를 통한 문제풀이로 수학 점수만을 얻고자 노력하는 것이 아닌 개념의 본질을 파악하고, 그 본질 간의 연계성을 머릿속에 그릴 수 있도록 유도하고, 이를 통해 문제를 해석하여 가장 효율적인 풀이법을 스스로 찾아갈 수 있도록 해보자는 것이 주된 목적이었습니다. 이러한 노력이 결실을 맺어 드디어 '수학에 심장을 달다 – 개념편'이 세상에 그 모습을 드러내게 되었습니다.

수학을 공부한다는 것 자체에 부담을 느끼고 흥미가 떨어지는 학생들이 많습니다. 반복 학습을 통해 지겨운 과정을 계속하고, 실제로 쌓이는 것 없이 그저 외우는 것에만 급급한 학습법이 이러한 안타까운 우리 학생들을 만들어 냈습니다. 흥미를 가져야 합니다. 올바른 수학 학습법을 통하면 수학에 흥미를 가질 수 있습니다. 차곡차곡 개념을 쌓아가고, 이를 통해서 문제를 풀다 보면 어느새 공부를 하는 것이 아니라 퍼즐 같은 게임을 하고 있다는 생각마저 들게 될 겁니다.

공부에 즐거움이라는 요소를 추가하기란 여간 어려운 것이 아닙니다. 하지만 저희 '수심달'은 이러한 고민 끝에 어플리케이션을 추가로 개발하여 교재와의 연동으로 즐거움이라는 요소를 더해 보았습니다. 메타인지를 통해 내가 아는 것과 모르는 것을 분명히 하고, 풀 수 있는 문제를 또 풀면서 낭비되는 시간을 최소화하여 수학 공부에 효율성을 극대화할 수 있습니다. 물론 그 안에 숨겨진 흥미로운 요소들이 여러분이 수학을 공부하는데 있어서 그 즐거움을 더해줄 것입니다. 구글 플레이스토어나 앱스토어에서 '수심달(susimdal)'을 검색해보세요.

아무쪼록 오랜 기간 동안 올바른 수학 학습에 대한 연구를 거듭하고, 학습자의 눈높이에 맞춰 제대로 개념을 쌓을 수 있는 이 교재를 출간하게 되어 저희 연구팀은 기쁜 마음을 감출 수가 없습니다. 이러한 저희의 긍정적인 에너지가 학생 여러분들에게도 전달되어 수학 공부를 즐겁게 할 수 있는 매개체가 되기를 바랍니다.

구성과 특징

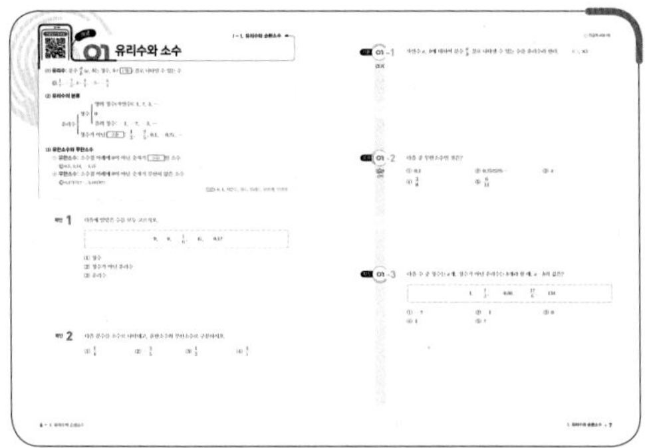

❶ 개념 정리 및 3단계 개념 학습 훈련

- ✔ 개념 정리 각 단원의 핵심 개념을 주제별로 세분화하여 정리하고 있습니다. 빈칸과 빈칸에 넣을 힌트를 제공하여 학생으로 하여금 본인이 빈칸을 채우며 다시 한번 학습한 내용을 생각하고 되짚어 볼 수 있도록 하였습니다.
- ✔ 확인 문제 학습한 개념에 대한 이해를 돕기 위한 간단한 예제 수준의 문제입니다.
- ✔ 3단계 개념 학습 훈련 '기본 → 응용 → 확장'의 3단계 문제를 제공하여 학습한 개념에 대한 철저한 연습이 가능하게 하였습니다.

❷ 개념 마무리

- ✔ 소단원별로 개념들에 대한 대표문제를 제공하고 있습니다.
- ✔ 각 문제당 관련 개념이 Tip의 형식으로 주어지되 빈칸 채우기를 통해 다시 한번 개념 정리를 가능하게 하였습니다.

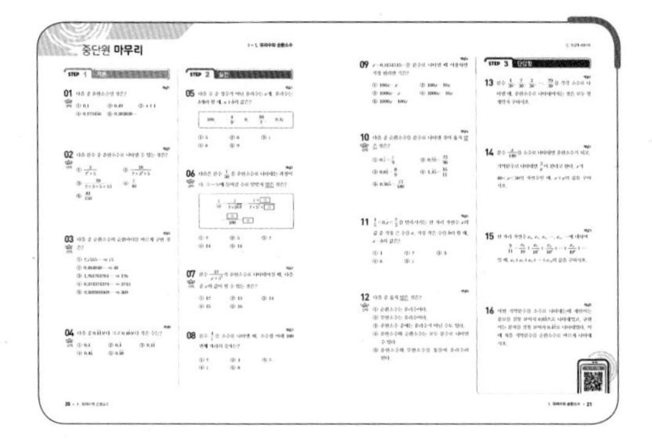

❸ 중단원 마무리

- ✔ 중단원별로 주요 개념에 대한 문제를 제공하고 있습니다.
- ✔ 기본 – 실전 – 단답형의 세 부분으로 구성되었고, 모든 문제에 해당 개념을 링크하여 학습 효과를 높이고 있습니다.

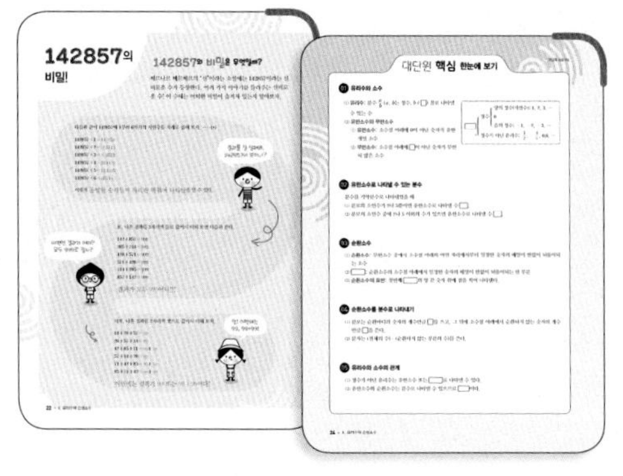

❹ 참고 및 대단원 한눈에 보기

- ✔ 참고 본문에서 다루지 못했거나 학생들에게 좀 더 자세히 알려주고 싶은 내용을 다루는 페이지입니다.
- ✔ 대단원 한눈에 보기 해당 대단원의 핵심 개념을 한 페이지로 정리하였고, 빈칸 채우기를 통해 학습한 개념을 다시 한번 확인할 수 있도록 하였습니다.

다지 선택 답이 2개 이상인 객관식 문항을 제공하여 개념을 확실히 파악하고 답을 하고 있는지 확인할 수 있도록 하였습니다.

주어진 QR코드를 통해 교재 외에 추가 제공되는 부가 학습 자료를 이용하실 수 있습니다.

차례

I 유리수와 순환소수

II 식의 계산

III 일차부등식과 연립일차방정식

IV 일차함수

Ⅰ 유리수와 순환소수

개념 01 유리수와 소수

(1) 유리수: 분수 $\frac{a}{b}$(a, b는 정수, $b \neq$ (가)) 꼴로 나타낼 수 있는 수

예 $\frac{1}{2}$, $-\frac{2}{3}$, $4=\frac{4}{1}$, $-5=-\frac{5}{1}$

(2) 유리수의 분류

유리수
- 정수
  - 양의 정수(자연수): 1, 2, 3, ⋯
  - 0
  - 음의 정수: −1, −2, −3, ⋯
- 정수가 아닌 (나) : $\frac{1}{3}$, $-\frac{2}{5}$, 0.1, −0.27, ⋯

(3) 유한소수와 무한소수

① 유한소수: 소수점 아래에 0이 아닌 숫자가 (다) 인 소수

예 0.5, 3.14, −1.75

② 무한소수: 소수점 아래에 0이 아닌 숫자가 무한히 많은 소수

예 0.121212⋯, 3.141592⋯

Hint 0, 1, 자연수, 정수, 유리수, 유한개, 무한개

확인 1 다음에 알맞은 수를 모두 고르시오.

−9, 0, $\frac{1}{6}$, 47, 0.12

(1) 정수

(2) 정수가 아닌 유리수

(3) 유리수

확인 2 다음 분수를 소수로 나타내고, 유한소수와 무한소수로 구분하시오.

(1) $\frac{1}{4}$　(2) $-\frac{3}{5}$　(3) $\frac{1}{3}$　(4) $\frac{1}{7}$

정답과 해설 2쪽

O|X

자연수 a, b에 대하여 분수 $\frac{a}{b}$ 꼴로 나타낼 수 있는 수를 유리수라 한다. (○, ×)

응용 01-2

다지 선택

다음 중 무한소수인 것은?

① 0.1 ② 0.252525⋯ ③ π
④ $\frac{3}{8}$ ⑤ $\frac{6}{11}$

확장 01-3

다음 수 중 정수는 a개, 정수가 아닌 유리수는 b개라 할 때, $a-b$의 값은?

$-1,\quad \frac{2}{3},\quad -0.88,\quad -\frac{12}{6},\quad 134$

① -2 ② -1 ③ 0
④ 1 ⑤ 2

02 유한소수로 나타낼 수 있는 분수

(1) 유한소수로 나타낼 수 있는 분수

① 모든 유한소수는 분모가 10의 거듭제곱인 분수로 나타낼 수 있다.

② **유한소수로 나타낼 수 있는 분수:** 분모의 소인수가 (가)나 (나)뿐인 기약분수는 분모와 분자에 적당한 수를 곱하여 분모를 10의 거듭제곱꼴로 나타낼 수 있으므로 유한소수로 나타낼 수 있다.

예 $\frac{2}{5}=\frac{2\times2}{5\times2}=\frac{4}{10}=0.4$

$\frac{3}{20}=\frac{3}{2^2\times5}=\frac{3\times5}{2^2\times5\times5}=\frac{15}{10^2}=0.15$

(2) 유한소수로 나타낼 수 있는 분수 판별하기

분수를 기약분수로 나타내었을 때

① 분모의 소인수가 2나 5뿐이면 (다)로 나타낼 수 있다.

② 분모의 소인수 중에 2나 5 이외의 수가 있으면 (다)로 나타낼 수 없다.

예 $\frac{1}{3}=0.333\cdots$ (무한소수), $\frac{4}{11}=0.363636\cdots$ (무한소수)

Hint 0, 1, 2, 3, 4, 5, 무한소수, 유한소수

확인 3 다음은 분수의 분모를 10의 거듭제곱꼴로 바꾸어 유한소수로 나타내는 과정이다. □ 안에 알맞은 수를 써넣으시오.

(1) $\frac{1}{4}=\frac{1\times\square}{2^2\times\square}=\frac{25}{\square}=\square$

(2) $\frac{5}{8}=\frac{5\times\square}{2^3\times\square}=\frac{\square}{1000}=\square$

(3) $\frac{9}{25}=\frac{9\times\square}{5^2\times\square}=\frac{\square}{100}=\square$

확인 4 다음 분수 중 유한소수로 나타낼 수 있는 것은 ○표, 유한소수로 나타낼 수 없는 것은 ×표를 하시오.

(1) $\frac{1}{2\times5^2}$ (　　)

(2) $\frac{9}{2^3\times3}$ (　　)

(3) $\frac{14}{2\times5\times7^2}$ (　　)

(4) $\frac{6}{20}$ (　　)

(5) $\frac{11}{24}$ (　　)

(6) $\frac{3}{75}$ (　　)

정답과 해설 2쪽

기본 02-1 O|X

분수 $\frac{3}{12}$에서 분모 12를 소인수분해하면 $2^2\times3$이다. 즉, 분모의 소인수에 2나 5 이외의 수 3이 있으므로 분수 $\frac{3}{12}$은 유한소수로 나타낼 수 없다. (○, ×)

응용 02-2 다지 선택

분수 $\frac{21}{2^3\times a}$을 유한소수로 나타낼 수 있을 때, 다음 중 자연수 a의 값이 될 수 있는 것은?

① 5　② 6　③ 7
④ 8　⑤ 9

확장 02-3 다지 선택

분수 $\frac{a}{2\times3^2\times5}$를 유한소수로 나타낼 수 있을 때, 다음 중 자연수 a의 값이 될 수 있는 것은?

① 9　② 10　③ 15
④ 16　⑤ 18

개념 01, 02 마무리

01
다지 선택

다음 중 옳지 않은 것은?

① 0.123은 유한소수이다.
② 3.141592는 무한소수이다.
③ 2.727272⋯는 유한소수이다.
④ 0.12345678910⋯은 유한소수이다.
⑤ 소수는 유한소수와 무한소수로 분류할 수 있다.

TIP
(1) **유한소수**: 소수점 아래에 0이 아닌 숫자가 ☐인 소수
(2) **무한소수**: 소수점 아래에 0이 아닌 숫자가 ☐ 소수

Hint 1개, 유한개, 없는, 무한히 많은

02
다지 선택

다음 분수 중 분모를 10의 거듭제곱꼴로 나타낼 수 없는 것은?

① $\frac{9}{12}$　② $\frac{7}{30}$　③ $\frac{4}{112}$
④ $\frac{29}{250}$　⑤ $\frac{13}{625}$

TIP
분모의 소인수가 2나 5뿐인 기약분수는 분모와 분자에 적당한 수를 곱하여 분모를 ☐의 거듭제곱꼴로 나타낼 수 있으므로 유한소수로 나타낼 수 있다.

Hint 1, 5, 10, 100

03

다지 선택

다음 분수 중 유한소수로 나타낼 수 있는 것은?

① $\dfrac{15}{2^3\times3^2}$　② $\dfrac{8}{2^2\times5^3}$　③ $\dfrac{14}{2^2\times5\times7}$

④ $\dfrac{12}{2^3\times5^2\times7}$　⑤ $\dfrac{33}{2^2\times5^3\times11}$

TIP

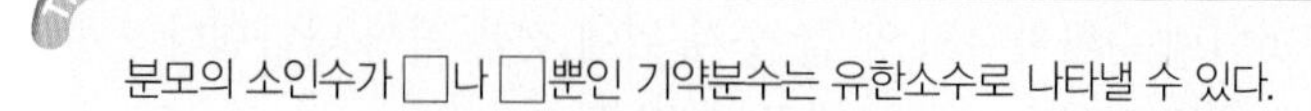
분모의 소인수가 □나 □뿐인 기약분수는 유한소수로 나타낼 수 있다.

Hint 1, 2, 3, 4, 5

04

단답형

분수 $\dfrac{19}{560}$에 자연수 a를 곱하여 소수로 나타내면 유한소수가 된다고 할 때, 이를 만족시키는 모든 a의 값의 합을 구하시오. (단, $20<a<30$)

TIP

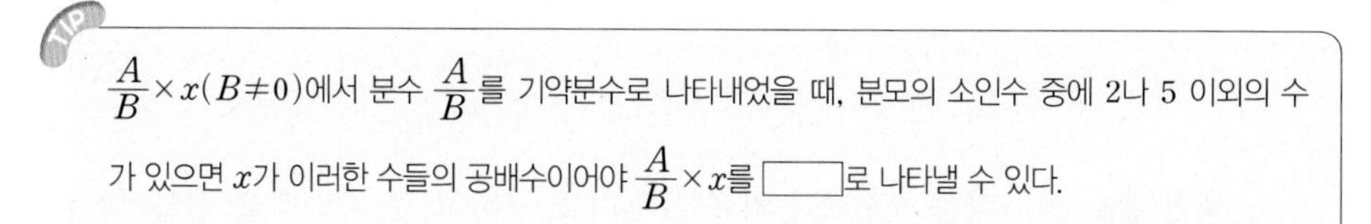
$\dfrac{A}{B}\times x\,(B\neq0)$에서 분수 $\dfrac{A}{B}$를 기약분수로 나타내었을 때, 분모의 소인수 중에 2나 5 이외의 수가 있으면 x가 이러한 수들의 공배수이어야 $\dfrac{A}{B}\times x$를 □로 나타낼 수 있다.

Hint 유한소수, 무한소수, 순환소수

순환소수

(1) **순환소수**: [(가)] 중에서 소수점 아래의 어떤 자리에서부터 일정한 숫자의 배열이 한없이 되풀이되는 소수

예 0.222…, 0.151515…, 0.238238238…

(2) [(나)]: 순환소수의 소수점 아래에서 일정한 숫자의 배열이 한없이 되풀이되는 부분

예 순환소수 2.3454545…의 순환마디는 45이다.

(3) **순환소수의 표현**: 첫번째 순환마디의 양 끝 숫자 위에 점을 찍어 나타낸다.

예 $0.12333\cdots=0.12\dot{3}$, $0.1232323\cdots=0.1\dot{2}\dot{3}$, $0.123123123\cdots=0.\dot{1}2\dot{3}$

참고 순환마디는 소수점 아래에서 가장 먼저 반복되는 부분이다.

$3.434343\cdots=\dot{3}.\dot{4}$ (×), $3.434343\cdots=3.\dot{4}3\dot{4}$ (×), $3.434343\cdots=3.\dot{4}\dot{3}$ (○)

Hint 유한소수, 무한소수, 순환반복, 순환마디

확인 5 다음 소수 중 순환소수인 것은 ○표, 순환소수가 아닌 것은 ×표를 하시오.

(1) 0.111… (　　)

(2) 0.101101110… (　　)

(3) 3.141592… (　　)

(4) －1.007007007… (　　)

확인 6 다음 순환소수의 순환마디를 구하고, 순환소수를 점을 찍어 간단히 나타내시오.

(1) 0.777…

(2) 0.1444…

(3) 2.3565656…

(4) 5.128128128…

정답과 해설 3쪽

기본 03-1 O|X

순환소수는 순환마디의 각 숫자 위에 점을 찍어 간단히 나타낼 수 있다. (○, ×)

응용 03-2 다지 선택

다음 중 순환소수의 표현이 옳은 것은?

① $0.555\cdots=0.5\dot{5}\dot{5}$
② $0.010101\cdots=0.\dot{0}\dot{1}$
③ $0.2888\cdots=0.2\dot{8}$
④ $9.292929\cdots=\dot{9}.\dot{2}$
⑤ $1.13571357\cdots=1.\dot{1}\dot{3}\dot{5}\dot{7}$

확장 03-3

순환소수 $0.\dot{2}58\dot{9}$에서 소수점 아래 50번째 자리의 숫자와 100번째 자리 숫자의 합은?

① 7 ② 10 ③ 11
④ 14 ⑤ 17

개념 04 순환소수를 분수로 나타내기

순환소수는 다음과 같은 두 가지 방법을 이용하여 분수로 나타낼 수 있다.

[방법 1] ❶ 주어진 순환소수를 x로 놓는다.

❷ 양변에 10의 거듭제곱을 곱하여 (가) 부분이 같은 두 식을 만든다.

❸ 두 식을 변끼리 빼어 x의 값을 구한다.

예 $x=0.242424\cdots$로 놓자. ㉠

$100x=24.242424\cdots$ ➡ 소수점이 두 번째 순환마디 앞에 오도록 ㉠의 양변에 100을 곱한다.

$-)\ \ x=0.242424\cdots$

$99x=24$

$\therefore x=\frac{24}{99}=\frac{8}{33}$

[방법 2] (1) 분모는 순환마디의 숫자의 개수만큼 9를 쓰고, 그 뒤에 소수점 아래에서 순환하지 않는 숫자의 개수만큼 (나)을 쓴다.

(2) 분자는 (전체의 수)-(순환하지 않는 부분의 수)를 쓴다.

예 $0.\dot{4}=\frac{4}{9}$, $0.\dot{3}\dot{7}=\frac{37}{99}$, $0.\dot{1}4\dot{8}=\frac{148}{999}$

$0.2\dot{5}=\frac{25-2}{90}=\frac{23}{90}$, $0.3\dot{5}\dot{7}=\frac{357-3}{990}=\frac{354}{990}=\frac{59}{165}$

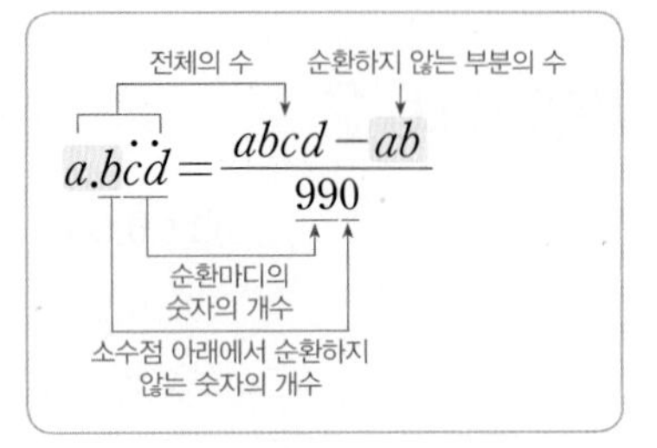

Hint 정수, 소수, 0, 1, 9

확인 7 다음은 순환소수를 분수로 나타내는 과정이다. □ 안에 알맞은 수를 써넣으시오.

(1) $0.\dot{1}\dot{7}$

$0.\dot{1}\dot{7}=x$로 놓으면

$x=0.171717\cdots$ …… ㉠

㉠의 양변에 100을 곱하면

$\square x=17.171717\cdots$ …… ㉡

㉡에서 ㉠을 변끼리 빼면

$\square x=17$ $\therefore x=\square$

(2) $0.4\dot{6}$

$0.4\dot{6}=x$로 놓으면

$x=0.4666\cdots$ …… ㉠

㉠의 양변에 10을 곱하면

$\square x=4.666\cdots$ …… ㉡

㉠의 양변에 100을 곱하면

$\square x=46.666\cdots$ …… ㉢

㉢에서 ㉡을 변끼리 빼면

$\square x=42$ $\therefore x=\frac{7}{\square}$

확인 8 다음은 순환소수를 분수로 나타내는 과정이다. □ 안에 알맞은 수를 써넣으시오.

(1) $0.\dot{3}\dot{0}=\frac{30}{\square}=\square$

(2) $0.\dot{0}2\dot{5}=\frac{25}{\square}=\square$

(3) $1.6\dot{3}=\frac{163-\square}{\square}=\square$

(4) $1.1\dot{4}\dot{8}=\frac{1148-\square}{\square}=\square$

정답과 해설 3쪽

O|X

순환소수 중에는 분수로 나타낼 수 없는 것도 있다. (○, ×)

$x=0.801801801\cdots$을 분수로 나타낼 때 이용하면 가장 편리한 식은?

① $100x-x$ ② $100x-10x$ ③ $1000x-x$
④ $1000x-10x$ ⑤ $1000x-100x$

다지 선택

다음 중 순환소수 $x=5.21444\cdots$에 대한 설명으로 옳지 않은 것은?

① 유리수이다.
② 순환마디는 444이다.
③ $x=5.21\dot{4}$로 간단히 나타낼 수 있다.
④ 분수로 나타낼 때, 식 $1000x-10x$를 이용하면 편리하다.
⑤ 분수로 나타내면 $\frac{5214-21}{900}=\frac{577}{100}$이다.

개념 05 유리수와 소수의 관계

(1) 유리수와 소수의 관계

① 정수가 아닌 유리수는 유한소수 또는 순환소수로 나타낼 수 있다.

② 유한소수와 순환소수는 분수로 나타낼 수 있으므로 (가) 이다.

참고 소수의 분류

소수 { 유한소수 ─ 유리수
　　 { 무한소수 { (나) ─ 유리수
　　　　　　　 { 순환소수가 아닌 무한소수 ─ 유리수가 아니다.

(2) 순환소수의 대소 관계와 계산

① 순환소수의 대소 관계: 순환소수를 풀어 써서 각 자리의 숫자의 대소를 차례로 비교한다.

예 $0.\dot{1}\dot{2}$와 $0.\dot{1}2\dot{3}$의 대소를 비교해 보자.

$0.\dot{1}\dot{2}=0.121212\cdots$, $0.\dot{1}2\dot{3}=0.123123123\cdots$이므로 $0.\dot{1}\dot{2}<0.\dot{1}2\dot{3}$

② 순환소수를 포함한 식의 계산: 순환소수를 분수로 바꾸어 계산한다.

예 $0.\dot{1}+0.\dot{5}=\frac{1}{9}+\frac{5}{9}=\frac{6}{9}=\frac{2}{3}$

Hint 소수, 정수, 유리수, 순환하는 유한소수, 순환소수, 순환마디

확인 9 다음 설명 중 옳은 것은 ○표, 옳지 않은 것은 ×표를 하시오.

(1) 유한소수는 유리수이다. (　　)

(2) 무한소수는 유리수가 아니다. (　　)

(3) 순환소수 중에는 유리수가 아닌 것도 있다. (　　)

(4) 모든 유리수는 유한소수로 나타낼 수 있다. (　　)

(5) 정수가 아닌 유리수 중 유한소수로 나타내어지지 않는 것은 순환소수로 나타내어진다. (　　)

확인 10 다음 ○ 안에 >, < 중 알맞은 것을 써넣으시오.

(1) $0.\dot{4}$ ○ $0.\dot{5}$

(2) $0.\dot{2}\dot{1}$ ○ $0.\dot{2}\dot{0}$

(3) $0.\dot{1}\dot{3}$ ○ $0.1\dot{3}$

(4) $0.4\dot{5}\dot{6}$ ○ $0.\dot{4}5\dot{6}$

기본 05-1

O|X

$0.\dot{6}\dot{0}$은 소수점 아래에 60이 있고 $0.\dot{6}$은 소수점 아래에 6이 있다. 이때 $60>6$이므로 $0.\dot{6}\dot{0}>0.\dot{6}$이다. (○, ×)

응용 05-2

방정식 $x+0.1\dot{7}=\frac{17}{30}$을 풀면?

① $x=-0.3\dot{8}$ ② $x=-0.\dot{3}\dot{8}$ ③ $x=-0.38$
④ $x=0.\dot{3}\dot{8}$ ⑤ $x=0.3\dot{8}$

확장 05-3

다지 선택

다음 중 $\frac{1}{11}<0.\dot{0}\dot{a}\times 2<\frac{2}{9}$를 만족시키는 한 자리 자연수 a의 값이 될 수 있는 것은?

① 3 ② 4 ③ 5
④ 6 ⑤ 7

개념 03, 04, 05 마무리

01

분수 $\frac{5}{11}$를 소수로 나타내면 순환소수가 될 때, 이 순환소수의 순환마디의 모든 숫자의 합은?

① 4　② 5　③ 9　④ 14　⑤ 15

TIP

☐: 순환소수의 소수점 아래에서 일정한 숫자의 배열이 한없이 되풀이되는 부분

Hint 순환소수, 순환마디, 순환소수의 표현

02 단답형

분수 $\frac{3}{22}$을 소수로 나타낼 때, 소수점 아래 888번째 자리의 숫자를 a, 999번째 자리의 숫자를 b라 할 때, $a+b$의 값을 구하시오.

TIP

순환소수의 소수점 아래 n번째 자리의 숫자 구하기

❶ 분수를 순환소수로 나타낸 후 ☐가 몇 개의 숫자로 이루어져 있는지 확인한다.

❷ ☐의 규칙성을 이용하여 소수점 아래 n번째 자리의 숫자를 구한다.

Hint 순환마디, 무한소수, 무한마디

03

$0.2+0.06+0.006+0.0006+\cdots$을 계산하여 기약분수로 나타내면 $\frac{b}{a}$일 때, $a-b$의 값은?

① 4 ② 5 ③ 11
④ 15 ⑤ 19

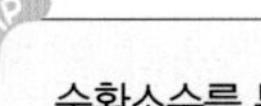

TIP

순환소수를 분수로 나타내기

(1) 분모는 순환마디의 숫자의 개수만큼 □를 쓰고, 그 뒤에 소수점 아래에서 순환하지 않는 숫자의 개수만큼 □을 쓴다.

(2) 분자는 (전체의 수)−(순환하지 않는 부분의 수)를 쓴다.

Hint 0, 1, 2, 5, 9

04
단답형

두 유리수 A, B에 대하여 $0.\dot{2}=A\times0.\dot{1}$, $1.3\dot{5}=B\times0.0\dot{1}$일 때, $B-A$의 값을 구하시오.

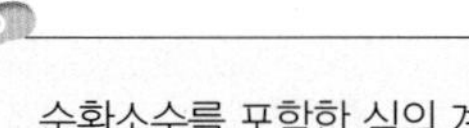

TIP

순환소수를 포함한 식의 계산을 할 때에는 순환소수를 □로 바꾸어 계산한다.

Hint 유리수, 분수, 소수, 무한소수

중단원 마무리

STEP 1 기본

01 다음 중 유한소수인 것은? (개념1) [다지선택]

① 0.1　② 0.49　③ $\pi+1$
④ 0.123456　⑤ 0.383838…

02 다음 분수 중 유한소수로 나타낼 수 있는 것은? (개념2) [다지선택]

① $\frac{3}{2^2\times5}$　② $\frac{18}{2\times3^3\times5}$
③ $\frac{39}{2\times3\times5\times13}$　④ $\frac{7}{40}$
⑤ $\frac{81}{150}$

03 다음 중 순환소수의 순환마디를 바르게 구한 것은? (개념3) [다지선택]

① 2.7555… ➡ 75
② 0.484848… ➡ 48
③ 1.261261261… ➡ 126
④ 0.324324324… ➡ 3243
⑤ 9.369369369… ➡ 369

04 다음 중 $0.\dot{4}\dot{1}$보다 크고 $0.4\dot{8}$보다 작은 수는? (개념5) [다지선택]

① 0.4　② $0.\dot{4}$　③ $0.4\dot{1}$
④ $0.4\dot{6}$　⑤ $0.\dot{4}\dot{8}$

STEP 2 실전

05 다음 수 중 정수가 아닌 유리수는 a개, 유리수는 b개라 할 때, $a+b$의 값은? (개념1)

100,	$-\frac{4}{9}$,	0,	$\frac{10}{2}$,	0.37

① 5　② 6　③ 7
④ 8　⑤ 9

06 다음은 분수 $\frac{7}{50}$을 유한소수로 나타내는 과정이다. ①~⑤에 들어갈 수로 알맞지 않은 것은? (개념2) [다지선택]

$$\frac{7}{50}=\frac{7}{2\times5^{\boxed{①}}}=\frac{7\times\boxed{②}}{2\times5^2\times\boxed{③}}$$
$$=\frac{\boxed{④}}{100}=\boxed{⑤}$$

① 2　② 5　③ 2
④ 14　⑤ 14

07 분수 $\frac{12}{x\times5^3}$가 유한소수로 나타내어질 때, 다음 중 x의 값이 될 수 있는 것은? (개념2) [다지선택]

① 12　② 13　③ 14
④ 15　⑤ 16

08 분수 $\frac{4}{7}$를 소수로 나타낼 때, 소수점 아래 100번째 자리의 숫자는? (개념3)

① 2　② 4　③ 5
④ 7　⑤ 8

정답과 해설 5쪽

개념4

09 $x=0.3151515\cdots$를 분수로 나타낼 때 이용하면 가장 편리한 식은?

① $100x-x$ ② $100x-10x$
③ $1000x-x$ ④ $1000x-10x$
⑤ $1000x-100x$

개념4

10 다음 중 순환소수를 분수로 나타낸 것이 옳지 않은 것은?

다지 선택

① $0.\dot{7}=\frac{7}{9}$ ② $0.\dot{2}\dot{3}=\frac{23}{90}$
③ $0.8\dot{1}=\frac{8}{9}$ ④ $1.\dot{4}\dot{5}=\frac{16}{11}$
⑤ $0.\dot{3}6\dot{5}=\frac{73}{180}$

개념5

11 $\frac{1}{5}<0.\dot{x}<\frac{2}{3}$를 만족시키는 한 자리 자연수 x의 값 중 가장 큰 수를 a, 가장 작은 수를 b라 할 때, $a-b$의 값은?

① 1 ② 2 ③ 3
④ 6 ⑤ 7

개념5

12 다음 중 옳지 않은 것은?

다지 선택

① 순환소수는 유리수이다.
② 무한소수는 유리수이다.
③ 유한소수 중에는 유리수가 아닌 수도 있다.
④ 유한소수와 순환소수는 모두 분수로 나타낼 수 있다.
⑤ 유한소수와 무한소수를 통틀어 유리수라 한다.

STEP 3 단답형

개념2

13 분수 $\frac{1}{30}, \frac{2}{30}, \frac{3}{30}, \cdots, \frac{29}{30}$를 각각 소수로 나타낼 때, 유한소수로 나타내어지는 것은 모두 몇 개인지 구하시오.

개념2

14 분수 $\frac{x}{140}$를 소수로 나타내면 유한소수가 되고, 기약분수로 나타내면 $\frac{3}{y}$이 된다고 한다. x가 $40<x<50$인 자연수일 때, $x+y$의 값을 구하시오.

개념3

15 한 자리 자연수 $a_1, a_2, a_3, \cdots, a_n, \cdots$에 대하여

$$\frac{9}{11}=\frac{a_1}{10}+\frac{a_2}{10^2}+\frac{a_3}{10^3}+\cdots+\frac{a_n}{10^n}+\cdots$$

일 때, $a_1+a_2+a_3+\cdots+a_{21}$의 값을 구하시오.

개념5

16 어떤 기약분수를 소수로 나타내는데 세빈이는 분모를 잘못 보아서 $0.0\dot{3}$으로 나타내었고, 규현이는 분자를 잘못 보아서 $0.\dot{4}\dot{2}$로 나타내었다. 이때 처음 기약분수를 순환소수로 바르게 나타내시오.

142857의 비밀!

142857의 비밀은 무엇일까?

베르나르 베르베르의 “신”이라는 소설에는 142857이라는 신비로운 수가 등장한다. 여러 가지 이야기를 들려주는 신비로운 수! 이 수에는 어떠한 비밀이 숨겨져 있는지 알아보자.

다음과 같이 142857에 1부터 6까지의 자연수를 차례로 곱해 보자. ……(*)

$142857\times 1=142857$

$142857\times 2=285714$

$142857\times 3=428571$

$142857\times 4=571428$

$142857\times 5=714285$

$142857\times 6=857142$

이렇게 동일한 숫자들이 자리만 바뀌어 나타남을 알 수 있다.

또, 나온 결과를 3자리씩 둘로 끊어서 더해 보면 다음과 같다.

$142+857=999$

$285+714=999$

$428+571=999$

$571+428=999$

$714+285=999$

$857+142=999$

결과가 모두 999이다!!!

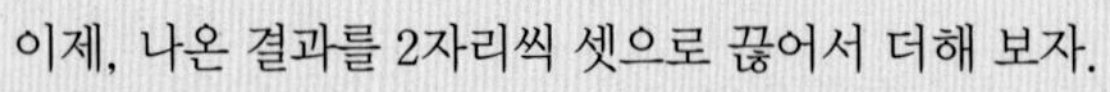

이제, 나온 결과를 2자리씩 셋으로 끊어서 더해 보자.

$14+28+57=99$

$28+57+14=99$

$42+85+71=99+99$

$57+14+28=99$

$71+42+85=99+99$

$85+71+42=99+99$

이번에는 결과가 99 또는 99+99이다!

142857의 또 다른 비밀!

142857의 또 다른 비밀은 142857에 7을 곱하면 999999가 된다는 것이다.
999999라는 숫자를 보니 문득 떠오르는 생각 하나!

분모가 9, 99, 999, …와 같은 수인 기약분수를 소수로 나타내면 순환소수가 된다.

그럼 142857에 7을 곱하면 999999가 된다는 것은 어떤 뜻일까?

$142857 \times 7 = 999999$에서 $\frac{1}{7} = \frac{142857}{999999} = 0.\dot{1}4285\dot{7}$

그렇다. 142857은 분수 $\frac{1}{7}$을 소수로 나타내었을 때의 순환마디이다.

이미 알고 있듯이, 분모가 7인 분수를 소수로 나타내면 배열 순서만 다를 뿐 142857이 반복되어 나타난다.
이러한 성질을 이용하면 (*)에서 얻은 결과의 비밀을 알 수 있다.

즉, $\frac{1}{7} = \frac{142857}{999999}$이므로

$\frac{2}{7} = 0.\dot{2}8571\dot{4}$에서 $\frac{1}{7} \times 2 = \frac{285714}{999999}$, $\frac{142857}{999999} \times 2 = \frac{285714}{999999}$ ➡ $142857 \times 2 = 285714$

$\frac{3}{7} = 0.\dot{4}2857\dot{1}$에서 $\frac{1}{7} \times 3 = \frac{428571}{999999}$, $\frac{142857}{999999} \times 3 = \frac{428571}{999999}$ ➡ $142857 \times 3 = 428571$

$\frac{4}{7} = 0.\dot{5}7142\dot{8}$에서 $\frac{1}{7} \times 4 = \frac{571428}{999999}$, $\frac{142857}{999999} \times 4 = \frac{571428}{999999}$ ➡ $142857 \times 4 = 571428$

$\frac{5}{7} = 0.\dot{7}1428\dot{5}$에서 $\frac{1}{7} \times 5 = \frac{714285}{999999}$, $\frac{142857}{999999} \times 5 = \frac{714285}{999999}$ ➡ $142857 \times 5 = 714285$

$\frac{6}{7} = 0.\dot{8}5714\dot{2}$에서 $\frac{1}{7} \times 6 = \frac{857142}{999999}$, $\frac{142857}{999999} \times 6 = \frac{857142}{999999}$ ➡ $142857 \times 6 = 857142$

이렇게 분모가 7인 분수를 소수로 나타내었을 때 나타나는 순환소수의 성질은 142857이 여러 가지 비밀을 갖게 만든다.

이와 같은 수의 배열이 또 존재할까?

힌트를 주자면 7, 17, 19, 23, 29, 49, …와 같은 수를 이용해 보자.
계산이 복잡하므로 계산기를 사용해 보는 것이 도움이 되겠다.

대단원 핵심 한눈에 보기

01 유리수와 소수

(1) **유리수**: 분수 $\frac{a}{b}$(a, b는 정수, $b \neq$ □) 꼴로 나타낼 수 있는 수

(2) **유한소수와 무한소수**

① **유한소수**: 소수점 아래에 0이 아닌 숫자가 유한 개인 소수

② **무한소수**: 소수점 아래에 □이 아닌 숫자가 무한히 많은 소수

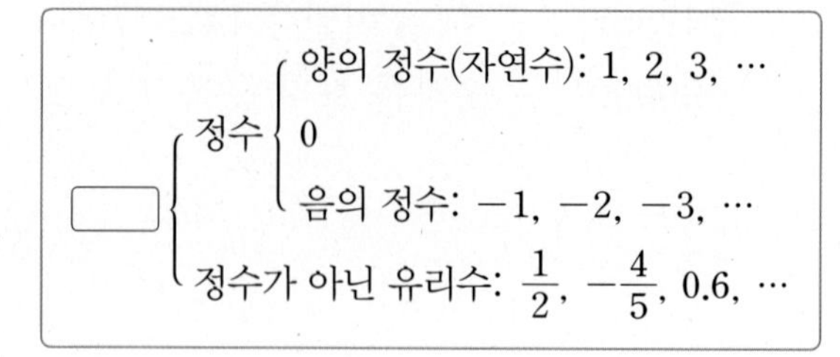

02 유한소수로 나타낼 수 있는 분수

분수를 기약분수로 나타내었을 때

(1) 분모의 소인수가 2나 5뿐이면 유한소수로 나타낼 수 □.

(2) 분모의 소인수 중에 2나 5 이외의 수가 있으면 유한소수로 나타낼 수 □.

03 순환소수

(1) **순환소수**: 무한소수 중에서 소수점 아래의 어떤 자리에서부터 일정한 숫자의 배열이 한없이 되풀이되는 소수

(2) □: 순환소수의 소수점 아래에서 일정한 숫자의 배열이 한없이 되풀이되는 부분

(3) **순환소수의 표현**: 첫번째 □의 양 끝 숫자 위에 점을 찍어 나타낸다.

04 순환소수를 분수로 나타내기

(1) 분모는 순환마디의 숫자의 개수만큼 □를 쓰고, 그 뒤에 소수점 아래에서 순환하지 않는 숫자의 개수만큼 □을 쓴다.

(2) 분자는 (전체의 수)−(순환하지 않는 부분의 수)를 쓴다.

05 유리수와 소수의 관계

(1) 정수가 아닌 유리수는 유한소수 또는 □로 나타낼 수 있다.

(2) 유한소수와 순환소수는 분수로 나타낼 수 있으므로 □이다.

Ⅱ 식의 계산

1 단항식의 계산

2 다항식의 계산

지수법칙 (1)

(1) 지수법칙 — 거듭제곱의 곱셈

m, n이 자연수일 때

$a^m \times a^n = a^{\boxed{(가)}}$

예 $a^3 \times a^2 = \underbrace{(a \times a \times a)}_{3개} \times \underbrace{(a \times a)}_{2개} = \underbrace{a \times a \times a \times a \times a}_{3+2=5(개)} = a^5$

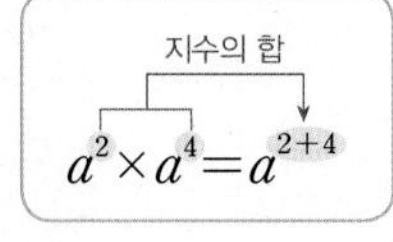

$a^2 \times a^4 = a^{2+4}$

(2) 지수법칙 — 거듭제곱의 거듭제곱

m, n이 자연수일 때

$(a^m)^n = a^{\boxed{(나)}}$

예 $(a^2)^3 = a^2 \times a^2 \times a^2 = a^{2+2+2} = a^6$

지수의 곱

$(a^2)^4 = a^{2\times 4}$

주의 다음과 같이 계산하지 않도록 주의한다.

(1) $a^m \times a^n \neq a^{m\times n}$ (2) $a^m + a^n \neq a^{m+n}$

(3) $(a^m)^n \neq a^{m+n}$ (4) $(a^m)^n \neq a^{m^n}$

참고 위의 지수법칙은 셋 이상의 거듭제곱에 대해서도 성립한다.

l, m, n이 자연수일 때

(1) $a^l \times a^m \times a^n = a^{l+m+n}$ (2) $\{(a^l)^m\}^n = a^{lmn}$

Hint m, n, mn, $m+n$

확인 1 다음 식을 간단히 하시오.

(1) $x^2 \times x^5$ (2) $y^3 \times y^8$

(3) $a \times a^2 \times a^6$ (4) $(x^2)^6$

(5) $a^3 \times (a^2)^3$ (6) $(b^4)^3 \times b^2$

확인 2 다음 □ 안에 알맞은 수를 써넣으시오.

(1) $x^{\square} \times x^4 = x^6$ (2) $a^3 \times a^{\square} = a^9$

(3) $2^2 \times 2^4 \times 2^{\square} = 2^{10}$ (4) $(x^2)^{\square} = x^{18}$

(5) $(a^{\square})^5 = a^{15}$ (6) $(b^{\square})^4 \times b = b^{25}$

기본 01 -1

O|X

같은 수의 곱셈은 다음과 같이 계산한다. (○, ×)

➡ $\underbrace{3^4 \times 3^4 \times 3^4 \times \cdots \times 3^4}_{n\text{개}} = n \times 3^4$

응용 01 -2

다지 선택

$2^{x+3} = 2^x \times \square$일 때, $\square$ 안에 알맞은 수는?

① 2^2 ② 2^3 ③ 6
④ 8 ⑤ 12

확장 01 -3

$3^x = A$라 할 때, 27^x을 A를 사용하여 나타내면?

① $3A$ ② $9A$ ③ A^3
④ A^9 ⑤ A^{27}

개념 02 지수법칙 (2)

(1) 지수법칙 - 거듭제곱의 나눗셈

m, n이 자연수일 때

① $m>n$이면 $a^m \div a^n = a^{\boxed{(가)}}$

② $m=n$이면 $a^m \div a^n = 1$

③ $m<n$이면 $a^m \div a^n = \dfrac{1}{a^{\boxed{(나)}}}$ (단, $a \neq 0$)

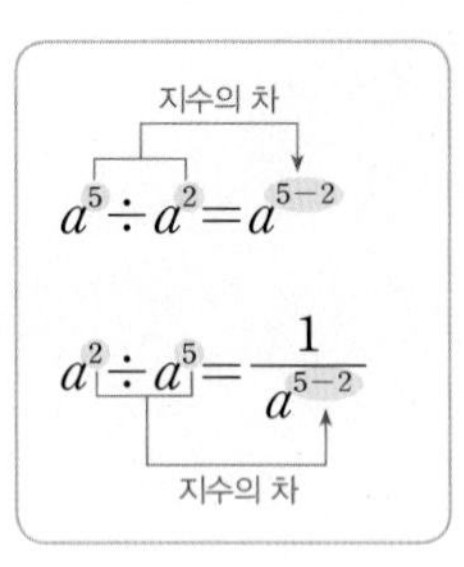

예 ① $a^5 \div a^3 = \dfrac{a\times a\times a\times a\times a}{a\times a\times a} = a\times a = a^2$

② $a^3 \div a^3 = \dfrac{a\times a\times a}{a\times a\times a} = 1$

③ $a^3 \div a^5 = \dfrac{a\times a\times a}{a\times a\times a\times a\times a} = \dfrac{1}{a\times a} = \dfrac{1}{a^2}$

(2) 지수법칙 - 곱과 몫의 거듭제곱

n이 자연수일 때

① $(ab)^n = a^{\boxed{(다)}} b^{\boxed{(다)}}$

② $\left(\dfrac{a}{b}\right)^n = \dfrac{a^{\boxed{(라)}}}{b^{\boxed{(라)}}}$ (단, $b \neq 0$)

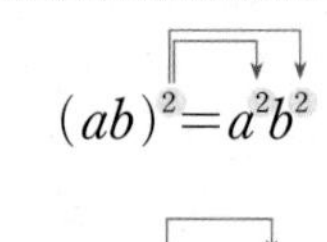

예 ① $(ab)^3 = ab\times ab\times ab = a\times a\times a\times b\times b\times b = a^3b^3$

② $\left(\dfrac{a}{b}\right)^3 = \dfrac{a}{b}\times\dfrac{a}{b}\times\dfrac{a}{b} = \dfrac{a\times a\times a}{b\times b\times b} = \dfrac{a^3}{b^3}$

Hint $m+n$, $m-n$, $n-m$, m, n, mn

확인 3 다음 식을 간단히 하시오.

(1) $5^4 \div 5^2$

(2) $x^6 \div x^6$

(3) $a^3 \div a^7$

(4) $(a^2b^3)^2$

(5) $\left(\dfrac{a^2}{2}\right)^4$

(6) $\left(-\dfrac{y}{x^4}\right)^3$

확인 4 다음 □ 안에 알맞은 수를 써넣으시오.

(1) $x^{\square} \div x^3 = x$

(2) $y^2 \div y^{\square} = \dfrac{1}{y^5}$

(3) $b^9 \div b^{\square} = 1$

(4) $3^{10} \div 3^5 \div 3^{\square} = 3^2$

(5) $(-a^3b^{\square})^4 = a^{12}b^8$

(6) $\left(\dfrac{y^2}{x^5}\right)^{\square} = \dfrac{y^6}{x^{15}}$

O|X

m, n이 자연수일 때, $6^{m} \div 6^{n} = 6^{m-n}$이다. (○, ×)

응용 02-2

$2^{5} \div 2^{a} = 4$, $3^{b} \div 3^{7} = \frac{1}{81}$일 때, $a+b$의 값은? (단, a, b는 자연수이다.)

① 3 ② 4 ③ 6
④ 9 ⑤ 10

$2^{15} \times 5^{12}$이 n자리 수일 때, 자연수 n의 값은?

① 11 ② 12 ③ 13
④ 14 ⑤ 15

개념 01, 02 마무리

01 다지 선택

$2^4\times(2+2+2+2)$를 계산하면?

① 2^5　② 2^6　③ 2^7
④ 128　⑤ 256

> TIP
> m, n이 자연수일 때
> (1) $a^m\times a^n=a^{\square}$
> (2) $\underbrace{a+a+a+\cdots+a}_{n\text{개}}=\square\times a$
>
> Hint a, n, m, $m+n$, mn

02 

$2^x=A$라 할 때, 4^{x+1}을 A를 사용하여 나타내면?

① $2A+1$　② A^2+1　③ $2A^2$
④ $4A^2$　⑤ $(2A)^2$

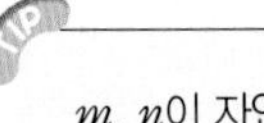

> TIP
> m, n이 자연수일 때
> $(a^m)^n=a^{\square}=(a^n)^{\square}$
>
> Hint m, n, $m+n$, mn

03

단답형

$(x^a y^b z^c)^d = x^{24} y^{32} z^{18}$을 만족시키는 가장 큰 자연수 d에 대하여 $a+b+c+d$의 값을 구하시오.
(단, a, b, c는 자연수이다.)

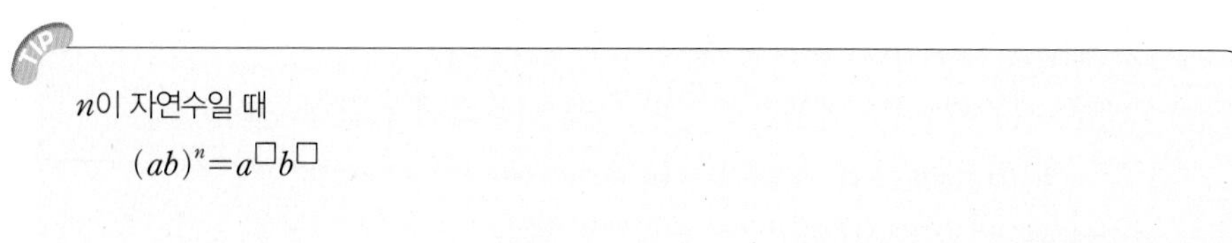

TIP

n이 자연수일 때

$(ab)^n = a^{\square} b^{\square}$

Hint n, $-n$, n^2

04

다지 선택

$3 \times 2^4 \times 5^{\square}$이 여섯 자리 수일 때, $\square$ 안에 알맞은 자연수는?

① 4　　② 5　　③ 6
④ 7　　⑤ 8

TIP

자연수 N을 $a \times 10^n$ (a, n은 자연수) 꼴로 나타내었을 때

(1) a가 한 자리 수이면 ➡ N은 ($\square$)자리 수

(2) a가 두 자리 수이면 ➡ N은 ($\square$)자리 수

(3) a가 세 자리 수이면 ➡ N은 ($\square$)자리 수

Hint n, $n+1$, $n+2$, $n+3$, $n+4$, $n+5$

단항식의 곱셈과 나눗셈

(1) 단항식의 곱셈

① 계수는 계수끼리, 문자는 문자끼리 계산한다.

② 같은 문자끼리의 곱셈은 (가) 을 이용하여 간단히 한다.

예 $(-2a^2b)\times3ab^3=\{(-2)\times3\}\times(a^2\times a)\times(b\times b^3)=-6a^3b^4$

참고 단항식의 곱셈에서 부호가 −인 단항식의 개수가

(1) 짝수 개이면 ➡ 계산 결과의 부호는 +

(2) 홀수 개이면 ➡ 계산 결과의 부호는 −

(2) 단항식의 나눗셈

[방법 1] 분수꼴로 바꾸어 계산한다. ➲ $A\div B=\frac{A}{B}$

예 $8a^3\div2ab=\frac{8a^3}{2ab}=\frac{4a^2}{b}$

[방법 2] 나누는 식의 (나) 를 곱하여 계산한다. ➲ $A\div B=A\times\frac{1}{B}=\frac{A}{B}$

예 $8a^3\div2ab=8a^3\times\frac{1}{2ab}=\frac{4a^2}{b}$

참고 나누는 식이 분수꼴이거나 나눗셈이 2개 이상인 경우에는 [방법 2]를 이용하여 계산하는 것이 더 편리하다.

Hint 지수법칙, 교환법칙, 결합법칙, 역수, 분수, 소수

확인 5 다음 식을 계산하시오.

(1) $2a^3\times4a^2b^2$

(2) $\frac{2}{3}x^4y^2\times(-9xy^2)$

(3) $(-a^2)\times2ab^2\times(-5a^2b^3)$

(4) $7x^2y\times(-4x^2y^3)\times\left(-\frac{1}{2xy^2}\right)^2$

확인 6 다음 식을 계산하시오.

(1) $6a^3b^2\div2ab$

(2) $27x^3y^6\div(-18x^2y^4)$

(3) $(-2x^3y)^2\div\frac{1}{4}x^5y^3$

(4) $56a^4b^2\div\left(-\frac{1}{a^2b}\right)^3\div7a^2b^3$

기본 03-1

OIX

$(-4xy^3)\div\frac{4}{5}x^2y$를 나누는 식의 역수를 곱하는 방법으로 계산하면
$(-4xy^3)\div\frac{4}{5}x^2y=(-4xy^3)\times\frac{5}{4}x^2y=-5x^3y^4$이다. (○, ×)

응용 03-2

다지 선택

다음 중 계산 결과가 옳은 것은?

① $2x^2y\times(-x^2y)=-x^2y$
② $\frac{1}{2}ab^2\times4a^2b=2a^2b^2$
③ $\frac{3}{5}xyz^2\times\frac{2}{3}xy^2z=\frac{2}{5}x^2y^3z^3$
④ $(-12x^3y^2)\div(-3x^2y)=-4xy$
⑤ $2a^4b^5\div\left(-\frac{1}{3ab^2}\right)^2=18a^6b^9$

확장 03-3

밑면의 가로의 길이가 $3ab^2$, 세로의 길이가 $5b$인 직육면체의 부피가 $24a^2b^5$일 때, 이 직육면체의 높이는?

① $\frac{5}{8}ab$
② $\frac{5}{8}a^2b$
③ $\frac{8}{5}a$
④ $\frac{8}{5}ab$
⑤ $\frac{8}{5}ab^2$

개념 04 단항식의 곱셈과 나눗셈의 혼합 계산

단항식의 곱셈과 나눗셈이 혼합되어 있는 식은 다음과 같은 순서로 계산한다.

❶ 괄호가 있으면 지수법칙을 이용하여 괄호를 푼다.

❷ 나눗셈은 나누는 식의 (가) 의 곱셈으로 바꾼다.

❸ 계수는 계수끼리, 문자는 문자끼리 계산한다.

주의 곱셈과 나눗셈의 혼합 계산은 앞에서부터 차례로 계산한다.

➡ $A \div B \times C = (A \div B) \times C = \frac{A}{B} \times C =$ (나) (○)

$A \div B \times C = A \div (B \times C) = \frac{A}{BC}$ (×)

Hint 분수, 소수, 역수, $\frac{BC}{A}$, $\frac{AC}{B}$, $\frac{AB}{C}$

확인 7 다음 □ 안에 알맞은 것을 써넣으시오.

(1) $2a^2b \times (-4a^3) \div 8ab = 2a^2b \times (-4a^3) \times \square$

$= \left\{2 \times (-4) \times \square\right\} \times \left(a^2 \times a^3 \times \square\right) \times \left(b \times \square\right)$

$= \square$

(2) $18x^3y^4 \div 3xy^2 \times (-2xy^4) = 18x^3y^4 \times \square \times (-2xy^4)$

$= \left\{18 \times \square \times (-2)\right\} \times \left(x^3 \times \square \times x\right) \times \left(y^4 \times \square \times y^4\right)$

$= \square$

확인 8 다음 식을 계산하시오.

(1) $4x^5 \div (-x^2) \times 3x^3$

(2) $(-a^3)^2 \times 5a^4 \div 3a^7$

(3) $6a^4b^5 \times (-a^2b) \div (-6ab^3)$

(4) $(-3xy^4) \div (-4x^6y^3) \times (-x^3y^2)^2$

O|X

단항식의 곱셈과 나눗셈이 혼합되어 있는 식은 다음과 같이 나눗셈을 역수의 곱셈으로 바꾼 후 곱셈의 교환법칙을 이용하여 곱셈의 순서를 바꾸어 계산해도 된다.

➡ $A\div B\times C=A\times\frac{1}{B}\times C=A\times\left(\frac{1}{B}\times C\right)=A\times\frac{C}{B}=\frac{AC}{B}$ (○, ×)

응용 04-2

$\square\times(-2x^2y^3)^3\div2x^3y^2=4x^5y^8$일 때, $\square$ 안에 알맞은 식은?

① $-16x^8y^{15}$ ② $-4x^6y^7$ ③ $-x^2y$
④ $4x^6y^7$ ⑤ $16x^8y^{15}$

자연수 a, b에 대하여 $(-3x^a)^b=-27x^6$일 때, $(-6a^4b^2)^2\div6a^3b^3\div(-2a)^3$의 값은?

① -9 ② -3 ③ -2
④ 3 ⑤ 9

개념 03, 04 마무리

01 $(-3x^2y^3)^A \times 2x^By = Cx^7y^7$일 때, $A-B+C$의 값은? (단, A, B, C는 자연수이다.)

① -19　② -13　③ 11
④ 17　⑤ 23

TIP
단항식의 곱셈은 계수는 계수끼리, 문자는 문자끼리 계산한다. 이때 같은 문자끼리의 곱셈은 [　　]을 이용하여 간단히 한다.

Hint 교환법칙, 결합법칙, 분배법칙, 지수법칙

02 $(-2x^3y)^2 \div \frac{1}{6}x^2y^2z \div (-3xy^3z)$를 계산하면?

① $-8x^5y^2$　② $-\frac{8x^3}{y^3z^2}$　③ $-\frac{8x^5}{3y^2}$
④ $\frac{3}{8}x^5y^2$　⑤ $\frac{8x}{3y^3z^2}$

TIP
단항식의 나눗셈은 다음 두 가지 방법 중 어느 하나를 이용한다.
[방법 1] 분수꼴로 바꾸어 계산한다.
[방법 2] 나누는 식의 [　]를 곱하여 계산한다.

Hint 분모, 분자, 역수

03 단답형

단항식 $-21x^2y^3$에 어떤 단항식을 곱해야 할 것을 잘못하여 나누었더니 $7xy$가 되었다. 이때 바르게 계산한 결과를 구하시오.

TIP

(1) 단항식 A에 단항식 B를 곱하면 C이다. ➡ $A\times B=C$

(2) 단항식 A를 단항식 B로 나누면 C이다. ➡ $\square=C$

Hint $A\times B$, $A\div B$, $B\div A$

04

$-12a^5b^3\times(3ab^2)^2\div\square=4a^2b^3$일 때, $\square$ 안에 알맞은 식은?

① $-27a^5b^4$　② $-9a^3b^5$　③ $9a^3b^5$

④ $12a^2b^5$　⑤ $27a^5b^4$

TIP

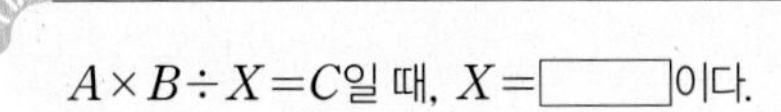

$A\times B\div X=C$일 때, $X=\square$이다.

Hint $A\times B\times C$, $A\times B\div C$, $A\div B\div C$

중단원 마무리

STEP 1 기본

01 다음 중 계산 결과가 같은 것은? 개념1+개념2

다지 선택

① $(a^4)^3$ ② $a^7\times a^5$
③ $a^{24}\div a^2$ ④ $a\times a^3\times a^8$
⑤ $(a^2)^3\div a^2\div a^4$

02 $\left(-\dfrac{x^3y^b}{x^ay^8}\right)^2=\dfrac{x^4}{y^6}$일 때, $a+b$의 값은? 개념2

(단, a, b는 자연수이다.)

① 3 ② 4 ③ 5
④ 6 ⑤ 7

03 $\dfrac{3}{8}x^4y^3\div\dfrac{5}{4}xy^2$을 계산하면? 개념3

① $\dfrac{3}{10}x^3y$ ② $\dfrac{3}{10}x^5y^5$ ③ $\dfrac{15}{32}x^3y^6$
④ $\dfrac{15}{32}x^5y^5$ ⑤ $\dfrac{4}{3}x^2y$

04 다음 식을 계산하면? 개념4

$$(9x^2y^4)^2\times(-xy^2)^3\div\left(\frac{3}{4}xy^5\right)^2$$

① $-144x^5y^8$ ② $-144x^5y^4$
③ $-9x^3y^4$ ④ $9x^5y^8$
⑤ $144x^3y^4$

STEP 2 실전

05 $3^3+3^3+3^3=3^a$, $5^3\times5^3\times5^3=5^b$, $\{(7^4)^3\}^2=7^c$일 때, 자연수 a, b, c에 대하여 $c-a-b$의 값은? 개념1

① 4 ② 9 ③ 11
④ 18 ⑤ 24

06 $2^5=A$라 할 때, 8^5, 4^{15}을 각각 A를 사용하여 나타낸 것을 차례로 쓰면? 개념1

① A^3, A^5 ② A^3, A^6
③ A^5, A^3 ④ A^6, A^3
⑤ A^6, A^5

07 $\left[\left\{\left(-\dfrac{a^2}{2}\right)^2\right\}^2\right]^2$을 간단히 하면? 개념2

다지 선택

① $-\dfrac{a^{16}}{256}$ ② $-\dfrac{a^{16}}{2^8}$ ③ $\dfrac{a^8}{2^8}$
④ $\dfrac{a^{16}}{2^8}$ ⑤ $\dfrac{a^{16}}{256}$

08 $4^9\times5^{21}$이 n자리 수일 때, 자연수 n의 값은? 개념2

① 17 ② 18 ③ 19
④ 20 ⑤ 21

개념3

09 다음 중 옳은 것은?

다지 선택

① $2x\times(-7y^2)=14xy^2$

② $(3x)^2\div 5xy^2=\dfrac{9x}{5y^2}$

③ $-16ab\div 8b=-2ab^2$

④ $(-2m)^2\times 6n=-24m^2n$

⑤ $(3a^2b)^3\times(-ab^2)^3=-27a^9b^9$

개념3

10 $(-5x^3y)^2\div\dfrac{1}{25}x^2y^2z\div(-125xy^2z^3)$을 계산하면?

① $-\dfrac{5x^3}{y^2z^4}$ ② $-\dfrac{x^6}{y^3z^5}$ ③ $-\dfrac{x^3}{y^2z^4}$

④ $\dfrac{5x^3}{y^2z^4}$ ⑤ $\dfrac{25x^6}{y^3z^5}$

개념3

11 높이가 $3h$인 원기둥의 부피가 $48a^2b^4h\pi$일 때, 이 원기둥의 밑면인 원의 반지름의 길이는? (단, a, b, h는 양수이다.)

① $4ab^2$ ② $4ab^4$ ③ $4a^2b$

④ $4a^2b^2$ ⑤ $4a^4b$

개념4

12 $(-6a^3b^4)^2\times(2a^5b^3)^2\div$ □ $=24a^9b^6$일 때, □ 안에 알맞은 식은?

① $-9a^7b^8$ ② $-6a^7b^3$ ③ $6a^3b^4$

④ $6a^7b^8$ ⑤ $9a^3b^5$

STEP 3 단답형

개념1

13 $16^{x+2}=16^x\times 4^y=2^{24}$일 때, $x+y$의 값을 구하시오. (단, x, y는 자연수이다.)

개념2

14 자연수 n에 대하여

$a^{2n}+(-a)^{2n+1}+a^{2n+1}-(-a)^{2n}$을 계산하시오. (단, $a\neq 0$)

개념3

15 단항식 $15x^4y^7$을 어떤 단항식으로 나누어야 할 것을 잘못하여 곱하였더니 $-30x^6y^4$이 되었다. 이때 바르게 계산한 결과를 구하시오.

개념4

16 $x^4y^3\times\left(-\dfrac{y}{x^3}\right)\div\dfrac{1}{3}x^ay^b\times(-3x^3y^5)^3=81x^3y^9$일 때, $a-b$의 값을 구하시오. (단, a, b는 자연수이다.)

05 다항식의 덧셈과 뺄셈

(1) 다항식의 덧셈: 괄호를 풀고 (가) 끼리 모아서 계산한다.

예 $(2x+y)+(x-3y)=2x+y+x-3y=3x-2y$

(2) 다항식의 뺄셈: 빼는 식의 각 항의 부호를 (나) 더한다.

예 $(3x+2y)-(2x-5y)=3x+2y-2x+5y=x+7y$

참고 계수가 분수인 다항식의 덧셈과 뺄셈은 분모의 최소공배수로 분모를 통분한 후에 계산한다.

(3) 여러 가지 괄호가 있는 식의 계산: (소괄호) → {중괄호} → [대괄호]의 순서로 괄호를 푼다.

참고 괄호 앞에 음의 부호 −가 있으면 괄호를 풀 때 괄호 안의 각 항의 부호를 바꾼다.

(1) $A-(B+C)=A-B-C$

(2) $A-(B-C)=A-B+C$

Hint 동류항, 계수, 상수, 바꾸어, 그대로

확인 9 다음 식을 계산하시오.

(1) $(-x+y)+(4x-10y)$

(2) $(2x-7y)+(-3x+5y+1)$

(3) $(5a-3b)-(-3a+8b)$

(4) $(-4a+5b-2)-(a+2b-6)$

확인 10 다음 식을 계산하시오.

(1) $2a-\{4a-b-(a-5b)\}$

(2) $b-[5a-\{8-(a+2b)+3a\}]$

정답과 해설 12쪽

다항식의 덧셈은 동류항끼리 모아서 계산한다. 예를 들어 두 다항식 x^2과 y^2은 차수가 2로 같은 동류항이므로 $x^2+y^2=2x^2y^2$과 같이 계산한다. (○, ×)

응용 05-2

$\frac{x-y}{4}-\frac{5x-y}{3}$를 계산하면?

① $\frac{-17x-7y}{12}$　② $\frac{-17x+y}{12}$　③ $\frac{-7x+7y}{12}$
④ $\frac{17x+y}{12}$　⑤ $\frac{17x+7y}{12}$

확장 05-3

$5x-[3x+7-\{2(x-y+1)+x-4y\}]=ax+by+c$일 때, $a+b+c$의 값은?
(단, a, b, c는 상수이다.)

① -16　② -11　③ -6
④ 11　⑤ 16

개념 06 이차식의 덧셈과 뺄셈

(1) **이차식**: 한 문자에 대한 차수가 (가) 인 다항식을 그 문자에 대한 이차식이라 한다.

예 (1) x^2+2x-1, $3x^2-5$, $\frac{1}{2}x^2-x$ ➡ 이차식

(2) $x-2$, $2x^3-x^2+x-4$, $\frac{1}{x^2}+\frac{1}{x}+3$ ➡ 이차식이 아니다.

(2) **이차식의 덧셈과 뺄셈**: 괄호를 풀고 (나) 끼리 모아서 계산한다.

예 $(x^2+x-3)+(2x^2-5x+4)=x^2+x-3+2x^2-5x+4=3x^2-4x+1$

Hint 0, 1, 2, 3, 동류항, 계수, 문자

확인 11 다음 다항식 중 이차식인 것은 ○표, 이차식이 아닌 것은 ×표를 하시오.

(1) $2x-9$ ( )

(2) $x+5y-1$ ( )

(3) $4+3x-x^2$ ( )

(4) $\frac{7}{x^2}-\frac{2}{x}-3$ ( )

(5) $\frac{x}{3}-\frac{y}{5}+8$ ( )

(6) $\frac{y^2}{6}+\frac{y}{4}+2$ ( )

확인 12 다음 식을 계산하시오.

(1) $(2x^2-x)+(3x^2+4x-12)$

(2) $(3x^2-2x-5)+(4x^2+x-3)$

(3) $(7x^2-3x+2)-(x^2+9x+6)$

(4) $(5x^2-2x+8)-(2x^2-6x-1)$

정답과 해설 13쪽

기본 06-1
O|X

다항식 $x^2+3x-(x^2-4)$는 x에 대한 차수가 2이므로 x에 대한 이차식이다. (○, ×)

응용 06-2
다지 선택

다음 중 이차식인 것은?

① $3x-4y+1$

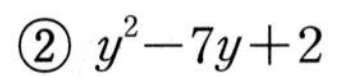

② y^2-7y+2

③ $\dfrac{3}{x^2}+\dfrac{5}{x}-6$

④ $8x^2-4x-(x^2+1)$

⑤ $3(x^2+2x)-(3x^2+2)-5$

확장 06-3

$4x^2-[2(3x^2-1)-\{3x^2-(2x^2+x-3)\}]$을 계산한 결과에서 x^2의 계수를 a, x의 계수를 b, 상수항을 c라 할 때, $a+b+c$의 값은?

① 1 ② 3 ③ 5
④ 7 ⑤ 9

개념 05, 06 마무리

01 $\left(\frac{3}{2}x-\frac{1}{2}y\right)+\left(\frac{1}{2}x-\frac{5}{3}y\right)$를 계산하면?

① $-2x-\frac{13}{6}y$　② $-x-\frac{7}{6}y$　③ $x+\frac{7}{6}y$
④ $2x-\frac{13}{6}y$　⑤ $\frac{5}{2}x+\frac{7}{6}y$

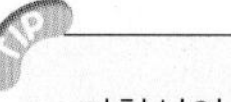

다항식의 덧셈은 괄호를 풀고 □끼리 계산한다.

Hint 지수, 문자, 계수, 동류항

02 $(-4x+2y-7)+\square=-x+6y-3$일 때, □ 안에 알맞은 식은?

① $-5x-8y-10$　② $-5x+4y-10$　③ $-3x+8y+4$
④ $3x-8y+10$　⑤ $3x+4y+4$

다항식의 뺄셈은 빼는 식의 각 항의 부호를 바꾸어 더한다. 특히, 괄호를 풀 때는 □을 이용한다.

Hint 교환법칙, 결합법칙, 분배법칙

03 다지 선택

다음 중 $3x^2-8x-(4x^2-5x+2)$를 계산한 결과에 대한 설명으로 옳은 것은?

① 항은 3개이다.
② 이차식이다.
③ x^2의 계수는 1이다.
④ x의 계수는 3이다.
⑤ 상수항은 -2이다.

TIP

(1) **이차식**: 한 문자에 대한 차수가 2인 다항식을 그 문자에 대한 ☐이라 한다.
(2) **이차식의 덧셈과 뺄셈**: 괄호를 풀고 ☐끼리 모아서 계산한다.

Hint 다항식, 이차식, 동류항, 숫자

04 단답형

$7x^2-5x-[3x^2-4x-\{2x^2-(x^2-2x+6)\}]=ax^2+bx+c$일 때, $a+b-c$의 값을 구하시오.
(단, a, b, c는 상수이다.)

TIP

여러 가지 괄호가 있으면 (☐괄호) → {중괄호} → [☐괄호]의 순서로 괄호를 푼다.

Hint 대, 소, 강, 약

07 다항식의 곱셈과 나눗셈

(1) 단항식과 다항식의 곱셈

① 단항식과 다항식의 곱셈: (가) 을 이용하여 단항식을 다항식의 각 항에 곱한다.

참고 분배법칙: $a(b+c)=ab+ac$, $(a+b)c=ac+bc$

② (나) : 두 개 이상의 다항식의 곱을 하나의 다항식으로 나타내는 것

③ 전개식: 전개하여 얻은 다항식

(2) 다항식과 단항식의 나눗셈

[방법 1] 나눗셈을 분수꼴로 바꾸어 다항식의 각 항을 단항식으로 나누어 계산한다.

$$(A+B)\div C=\frac{A+B}{C}=\frac{A}{C}+\frac{B}{C}$$

[방법 2] 다항식에 단항식의 (다) 를 곱하여 전개한다.

$$(A+B)\div C=(A+B)\times\frac{1}{C}=A\times\frac{1}{C}+B\times\frac{1}{C}=\frac{A}{C}+\frac{B}{C}$$

Hint 교환법칙, 결합법칙, 분배법칙, 전개, 정수, 유리수, 역수

확인 13 다음 식을 계산하시오.

(1) $2a(3a+5b)$

(2) $3x^2(x-2y+6)$

(3) $(a+4b-2)\times(-5a)$

(4) $(12x^2-8x-2)\times\left(-\frac{1}{2}x\right)$

확인 14 다음 식을 계산하시오.

(1) $(9a^2b+6ab^2)\div 3ab$

(2) $(28x^2y^3-20x^3y)\div(-4x^2y)$

(3) $(3ab^3-5ab^2)\div\left(-\frac{1}{2ab^2}\right)$

(4) $(15x^5y^3-25x^2y^4)\div\left(-\frac{5}{3x^2y^3}\right)$

기본 07-1 O|X

다항식의 곱셈은 동류항끼리 모아서 계산한다. 예를 들어 두 다항식 $2x^2$과 $3x^2+x-1$은 동류항이 아니므로 $2x^2\times(3x^2+x-1)$은 더 이상 계산할 수 없다. (○, ×)

응용 07-2

$(3x^3y-9x^2y^2+15xy^3)\times\left(-\frac{1}{3xy}\right)$을 계산하면?

① $-x+3y-\frac{5y^2}{x}$ ② $x+3y-\frac{5y^2}{x}$ ③ $-x^2+3xy-5y^2$
④ $x^2-3xy-5y^2$ ⑤ $x^2+3xy-5y^2$

확장 07-3

다항식 A를 $-\frac{2}{7}x$로 나누었더니 $-7y^2-21y+14x$가 되었다. 이때 다항식 A는?

① $-2xy^2-6xy+4x^2$ ② $-\frac{1}{2}xy^2-\frac{3}{2}xy+49x^2$
③ $\frac{y^2}{2x}-\frac{3y}{2x}+49x$ ④ $2xy^2-6xy+4x^2$
⑤ $2xy^2+6xy-4x^2$

개념

08 다항식의 혼합 계산

다항식의 덧셈, 뺄셈, 곱셈, 나눗셈이 혼합되어 있는 식은 다음과 같은 순서로 계산한다.

❶ 거듭제곱이 있으면 (가) 을 이용하여 계산한다.
❷ 괄호가 있으면 (소괄호) → {중괄호} → [대괄호]의 순서로 푼다.
❸ 분배법칙을 이용하여 곱셈, (나) 을 한다.
❹ 덧셈, (다) 을 한다.

❶ 거듭제곱
↓
❷ 괄호 풀기
↓
❸ ×, ÷ 계산
↓
❹ +, − 계산

Hint 결합법칙, 지수법칙, 덧셈, 뺄셈, 곱셈, 나눗셈

확인 15 다음 □ 안에 알맞은 것을 써넣으시오.

(1) $4x^3y^2\times(x^2y-8xy^3)\div(-2x^2y)^2=4x^3y^2\times(x^2y-8xy^3)\div\square$

$=(4x^5y^3-\square)\times\dfrac{1}{\square}$

$=xy-\square$

(2) $x(3x+1)+(x^3y-4x^2y)\div xy=x(3x+1)+\dfrac{x^3y-4x^2y}{\square}$

$=3x^2+\square+x^2-\square$

$=4x^2-\square$

확인 16 다음 식을 계산하시오.

(1) $(6x^2y+7xy^2)\div2xy-(6xy-4x^2)\div3x$

(2) $(2x-3y)\times3xy+(9x^4y^3-18x^3y^4)\div(-3xy)^2$

기본 08-1

O|X

사칙 계산이 혼합된 다항식의 계산을 할 때는 덧셈, 뺄셈을 먼저 한 후에 곱셈, 나눗셈을 한다.

(○, ×)

응용 08-2

$\dfrac{10a^2b^2+8a^2b^3}{2ab}-\dfrac{9a^3b^3-15a^3b^2}{3a^2b}$을 계산하면?

① $7ab^2$
② $-10ab^2-b^3$
③ ab^2-10ab
④ ab^2+10ab
⑤ $10ab^2+7b^3$

확장 08-3

다지 선택

다음 중 $\left(\dfrac{4}{3}a^3b^2-6a^4b\right)\div\left(-\dfrac{2}{3}ab\right)-\left(3ab-\dfrac{9}{2}a^2\right)\times\dfrac{4}{3}a$를 계산한 결과에서 계수에 해당하는 것은?

① -15
② -12
③ -6
④ 12
⑤ 15

개념 07, 08 마무리

01 다지 선택

다음 중 $(x^2-3x+8)\times 2x$를 전개한 식에 대한 설명으로 옳은 것은?

① 항은 4개이다.
② x^3의 계수는 2이다.
③ x^2의 계수는 -6이다.
④ 상수항은 16이다.
⑤ 전개식은 $2x^2-6x+16$이다.

TIP

단항식과 다항식의 곱셈은 □을 이용하여 단항식을 다항식의 각 항에 곱한다.

Hint 교환법칙, 결합법칙, 분배법칙

02

$\square\times\left(-\frac{2x}{5y}\right)=-x(3x-4y)$일 때, □ 안에 알맞은 식은?

① $-\frac{15}{2}xy+10y^2$
② $\frac{15}{2}xy-10y^2$
③ $\frac{-6x^3+8x^2}{5y}$
④ $\frac{6x^3-8x^2}{5y}$
⑤ $\frac{15xy-5y^2}{2}$

TIP

다항식과 단항식의 나눗셈은 다음 두 가지 방법 중 어느 하나를 이용한다.
[방법 1] 나눗셈을 분수꼴로 바꾸어 다항식의 각 항을 단항식으로 나누어 계산한다.
[방법 2] 다항식에 단항식의 □를 곱하여 전개한다.

Hint 약수, 인수, 역수

03

직육면체 A는 가로의 길이, 세로의 길이, 높이가 각각 x, $3y+1$, $3x$이고, 직육면체 B는 가로의 길이, 세로의 길이가 각각 $3x$, $2x$이다. 두 직육면체 A, B의 부피가 서로 같을 때, 직육면체 B의 높이는?

① $\frac{3}{2}y+\frac{1}{2}$ ② $\frac{9}{2}y+\frac{3}{2}$ ③ $\frac{3}{2}xy+\frac{1}{2}x$
④ $\frac{9}{2}xy+\frac{1}{2}x$ ⑤ $\frac{9}{2}xy+\frac{3}{2}x$

TIP
(직육면체의 부피)=(밑넓이)×( )
=(가로의 길이)×(세로의 길이)×( )

Hint 옆넓이, 밑넓이, 길이, 높이

04 단답형

$a=-1$, $b=-2$일 때, $(12a^4b^2-6a^2b^3)\div\frac{3}{2}ab^2-(a^2+3b)\times(-5a)$의 값을 구하시오.

TIP
다항식의 혼합 계산 순서
❶ 거듭제곱이 있으면 [ ]을 이용하여 계산한다.
❷ 괄호가 있으면 (소괄호) → {중괄호} → [대괄호]의 순서로 푼다.
❸ 분배법칙을 이용하여 [ ], 나눗셈을 한다.
❹ [ ], 뺄셈을 한다.

Hint 결합법칙, 지수법칙, 덧셈, 뺄셈, 곱셈, 나눗셈

중단원 마무리

STEP 1 기본

01 개념5

$(a+2b+4)+(-3a-6b+1)$을 계산하면?

① $-2a-4b+3$　② $-2a-4b+5$
③ $4a-4b+3$　④ $4a+8b+3$
⑤ $4a+8b+5$

02 개념6

다항식 A에 $2x^2+x-2$를 더하면 $-x^2+3x-5$가 된다. 이때 다항식 A는?

① $-3x^2+2x-3$　② $-3x^2+4x-7$
③ $-x^2+2x-7$　④ x^2+4x-3
⑤ $3x^2+4x-7$

03 개념7

$8xy\left(-\frac{1}{2}x^2+\frac{1}{4}y^2-2\right)$를 전개하면?

① $-16x^3y+2xy^3-16xy$
② $-4x^3+2xy^2+16x$
③ $-4x^3y+2xy^3-16xy$
④ $4x^3y-2xy^3+16xy$
⑤ $16x^3-2xy^2+16x$

04 개념8

$(6x^2-9xy)\div 3x-(20x^2-15xy)\div(-5x)$를 계산하면?

① $-6x+6y$　② $-x-y$
③ $-x+y$　④ $2x-y$
⑤ $6x-6y$

STEP 2 실전

05 개념5

$\frac{3x-y}{6}+\frac{x-3y}{4}$를 계산한 결과에서 x의 계수를 a, y의 계수를 b라 할 때, $a+b$의 값은?

① $-\frac{1}{4}$　② $-\frac{1}{6}$　③ $-\frac{1}{12}$
④ $\frac{1}{6}$　⑤ $\frac{1}{4}$

06 개념6 다지 선택

다음 중 이차식인 것은?

① $x-2y+1$
② $\frac{3}{x^2}-9$
③ $2x^2+5x-(2x^2-1)$
④ $3x^2-4x+2(2x+1)$
⑤ $x(x^2+2x)-7-x^3$

07 개념6 다지 선택

다음 중 옳지 않은 것은?

① $(10x+y)+(3x-2y)=13x-y$
② $\left(-2x+\frac{1}{2}y\right)+\left(\frac{1}{4}x+\frac{3}{4}y\right)=-\frac{7}{4}x+\frac{5}{4}y$
③ $(x+4y+1)-(x-2y-7)=2y+8$
④ $(5x^2-6x-9)-(3x^2-5)=2x^2-6x-14$
⑤ $(x^2-2x-3)+(-2x^2+4x+7)$
$=-x^2+2x+4$

08 개념6

다음 □ 안에 알맞은 식은?

$3x-[2x^2+\{4x+2-(x^2-\square)\}]$
$=6x^2-5x+2$

① $-7x^2-4x+4$　② $-7x^2+4x-4$
③ $-3x^2+x-4$　④ $-3x^2+x+4$
⑤ $3x^2+x-4$

개념7

09 $(-x^2y^4+6xy^3-2x^3y^5) \div A = -\frac{1}{2}xy^2$을 만족시키는 다항식 A의 모든 계수의 합은?

① -6 ② -5 ③ 0
④ 5 ⑤ 6

개념7

10 어떤 다항식에 $-4a^3$을 곱해야 할 것을 잘못하여 나누었더니 $2a^2-6b$가 되었다. 이때 바르게 계산한 결과는?

① $-32a^8+96a^6b$ ② $-8a^5+24a^3b$
③ $8a^5-24a^3b$ ④ $32a^8-96a^6b$
⑤ $32a^8+96a^6b$

개념8

11 $\frac{10x^4y^2-4x^3y^3}{2x^3y^2}-\frac{3x^5y-7x^4y^2}{x^4y}$을 계산하면?

① $-8x-9y$ ② $-8x+5y$
③ $-2x-5y$ ④ $2x+5y$
⑤ $8x+9y$

개념8

12 $x=-1$, $y=4$일 때, 다음 식의 값은?

$$(6x^3y^2-2xy^3) \div 2x^2y^5 \times (-2x^2y)^3$$

① -8 ② -4 ③ 4
④ 8 ⑤ 16

STEP 3 단답형

개념5

13 $(-2x^a)^b=-8x^{15}$을 만족시키는 자연수 a, b에 대하여 다음 식의 값을 구하시오.

$$3a-[b-\{3a-4(a-3b)\}+a]$$

개념7

14 아랫변의 길이가 $3x+2y+3$이고 높이가 xy인 사다리꼴의 넓이가 $2x^2y+3xy^2+xy$일 때, 이 사다리꼴의 윗변의 길이를 구하시오.

개념8

15 $2x^2(5x^2-2x-1)-(6x^7y-15x^5y) \div 3x^3y$를 계산하면 $ax^4+bx^3+cx^2$일 때, $a+b+c$의 값을 구하시오. (단, a, b, c는 상수이다.)

개념8

16 다항식 x_1, y_1, z_1, x_2, y_2, z_2에 대하여 두 순서쌍 (x_1, y_1, z_1), (x_2, y_2, z_2)의 연산 $\circ$를

$(x_1, y_1, z_1) \circ (x_2, y_2, z_2) = x_1x_2+y_1y_2+z_1z_2$

라 할 때, 다음 식을 계산하시오.

$$(2x+1, -4y, 2xy) \circ (y, x+2, -5)$$

거듭제곱의 규칙성에 대하여 알아보자!

a, n의 값에 따라 a^n의 값의 일의 자리의 숫자는 어떻게 달라질까?

$a=1, 2, 3, \cdots$이고 $n=1, 2, 3, \cdots$일 때, a^n의 값의 일의 자리의 숫자를 차례로 구해 보면 다음과 같다.

a^n	$n=1$	$n=2$	$n=3$	$n=4$	$n=5$	$n=6$	$\cdots$
$a=1$	1	1	1	1	1	1	$\cdots$
$a=2$	2	4	8	6	2	4	$\cdots$
$a=3$	3	9	7	1	3	9	$\cdots$
$a=4$	4	6	4	6	4	6	$\cdots$
$a=5$	5	5	5	5	5	5	$\cdots$
$a=6$	6	6	6	6	6	6	$\cdots$
$a=7$	7	9	3	1	7	9	$\cdots$
$a=8$	8	4	2	6	8	4	$\cdots$
$a=9$	9	1	9	1	9	1	$\cdots$
$\vdots$	$\vdots$	$\vdots$	$\vdots$	$\vdots$	$\vdots$	$\vdots$	$\vdots$

위의 표에서
(a^1의 일의 자리의 숫자)=(a^5의 일의 자리의 숫자)=(a^9의 일의 자리의 숫자)=$\cdots$,
(a^2의 일의 자리의 숫자)=(a^6의 일의 자리의 숫자)=(a^{10}의 일의 자리의 숫자)=$\cdots$,
(a^3의 일의 자리의 숫자)=(a^7의 일의 자리의 숫자)=(a^{11}의 일의 자리의 숫자)=$\cdots$,
(a^4의 일의 자리의 숫자)=(a^8의 일의 자리의 숫자)=(a^{12}의 일의 자리의 숫자)=$\cdots$
임을 알 수 있다.

이러한 성질을 이용하면 지수가 커서 계산이 복잡한 거듭제곱의 일의 자리의 숫자도 손쉽게 구할 수 있다.

다음과 같은 여러 가지 경우에서 거듭제곱의 일의 자리의 숫자를 구해 봄으로써 앞의 성질을 좀 더 자세히 알아보자.

3^{2000}의 일의 자리의 숫자는?

$n=1, 2, 3, \cdots$일 때, 3^n의 일의 자리의 숫자는 3, 9, 7, 1이 반복되어 나타난다.
$2000=4\times500$에서 2000은 4의 배수이므로 3^{2000}의 일의 자리의 숫자는 3, 9, 7, 1의 4번째 숫자와 같은 1이다.

➡ 3^{2000}의 일의 자리의 숫자는 3^4의 일의 자리의 숫자와 같다!

5^{2000}의 일의 자리의 숫자는?

$n=1, 2, 3, \cdots$일 때, 5^n의 일의 자리의 숫자는 5 하나만 반복되어 나타난다.
즉, 지수가 얼마인지에 관계없이 5의 거듭제곱의 일의 자리의 숫자는 항상 5이다. 따라서 5^{2000}의 일의 자리의 숫자는 5이다.
이때 거듭제곱한 결과의 일의 자리의 숫자는 무조건 4개씩이 반복되는 것이 아니라, 최대 4개씩이 반복되는 것임을 이해해야 한다.

➡ 5^{2000}의 일의 자리의 숫자는 5이다!

4^{2000}의 일의 자리의 숫자는?

$n=1, 2, 3, \cdots$일 때, 4^n의 일의 자리의 숫자는 4, 6이 반복되어 나타난다.
4^n의 일의 자리의 숫자 역시 거듭제곱한 결과의 일의 자리의 숫자가 무조건 4개씩 반복되는 것이 아니라, 최대 4개씩 반복되는 경우이다. $2000=2\times1000$에서 2000은 2의 배수이므로 4^{2000}의 일의 자리의 숫자는 4, 6의 2번째 숫자와 같은 6이다.

➡ 4^{2000}의 일의 자리의 숫자는 4^2의 일의 자리의 숫자와 같다!

17^{2000}의 일의 자리의 숫자는?

$n=1, 2, 3, \cdots$일 때, 17^n의 일의 자리의 숫자는 7^n의 일의 자리의 숫자와 같으므로 7, 9, 3, 1이 반복되어 나타난다.
$2000=4\times500$에서 2000은 4의 배수이므로 17^{2000}의 일의 자리의 숫자는 7, 9, 3, 1의 4번째 숫자와 같은 1이다.

➡ 17^{2000}의 일의 자리의 숫자는 7^4의 일의 자리의 숫자와 같다!

거듭제곱과 지수법칙

거듭제곱은 왜 필요할까?

중 1에서 학습한 대로 $a\times a\times a\times\cdots\times a$와 같이
같은 수를 여러 번 반복하여 곱한 것을
거듭제곱을 이용하여 a^n과 같이 간단히 나타낼 수 있다.

예를 들어, 지구와 태양 사이의 거리 150,000,000 km라는 수를 생각해 보자. 이 수는 1억 5천만 킬로미터로 읽는데, 0이 여러 개 있으니 수를 읽기도 쓰기도 어렵다. 수학에서는 이렇게 큰 수를 좀 더 간단히 나타내기 위해 거듭제곱을 이용한다. 즉, 150,000,000 km를 10의 거듭제곱을 이용하여 1.5×10^8 km와 같이 나타낸다.

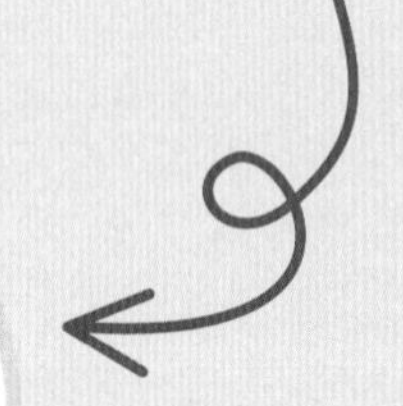

또, 머리카락의 두께 0.00006 m와 같이 매우 작은 수도 거듭제곱을 이용하여 6×10^{-5} m와 같이 간단히 나타낼 수 있다.

이와 같이 매우 큰 수 또는 매우 작은 수를 좀 더 간단히, 헛갈리지 않게 나타내기 위해 거듭제곱이 필요하다.

지수법칙은 왜 필요할까?

$2^2\times2^3$을 계산해 보자. $2^2\times2^3$은 $(2\times2)\times(2\times2\times2)$를 간단히 나타낸 것이므로 계산하면 32이다. 이제 $a^2\times a^3$을 계산해 볼까? $a^2\times a^3$은 $(a\times a)\times(a\times a\times a)$를 간단히 나타낸 것이지만 a의 값을 알 수 없으므로 어떻게 계산해야 할지 막막하다. 이때 지수법칙 $a^m\times a^n=a^{m+n}$을 이용하면 $a^2\times a^3=a^{2+3}=a^5$과 같이 결과를 간단히 나타낼 수 있다.

이러한 이유로 다음과 같은 지수법칙을 여러 가지 식의 계산에서 이용하게 된다.

m, n이 자연수일 때

(1) $a^m\times a^n=a^{m+n}$

(2) $(a^m)^n=a^{mn}$

(3) $a^m\div a^n=\begin{cases}a^{m-n} & (m>n)\\ 1 & (m=n)\\ \dfrac{1}{a^{n-m}} & (m<n)\end{cases}$ (단, $a\neq0$)

(4) $(ab)^n=a^nb^n$, $\left(\dfrac{a}{b}\right)^n=\dfrac{a^n}{b^n}$ (단, $b\neq0$)

지수의 확장

지수가 자연수가 아니어도 지수법칙이 성립할까?

거듭제곱에서 지수는 밑을 곱한 횟수이므로 자연수임이 당연하다.
그런데 지수가 자연수가 아니라, 0 또는 음의 정수인 경우에 대하여도 생각해 볼 수 있을까?

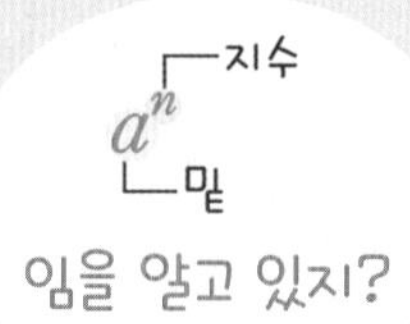

이미 학습한 대로 $a\neq0$이고 m, n이 $m>n$인 자연수일 때, 지수법칙

$$a^m \div a^n = a^{m-n} \quad \cdots\cdots(*)$$

이 성립한다.

만약 $m=n$이면 (*)에서

$$(\text{좌변})=a^n \div a^n = 1,\ (\text{우변})=a^{n-n}=a^0$$

이므로 $a^0=1$로 약속하면 $m=n$일 때에도 (*)이 성립한다.

또, 만약 $m<n$이면 (*)에서

$$(\text{좌변})=\frac{1}{a^{n-m}},\ (\text{우변})=a^{-(n-m)}$$

이므로 $a^{-n}=\frac{1}{a^n}$로 약속하면 $m<n$일 때에도 (*)이 성립한다.

즉, $a^0=1$, $a^{-n}=\frac{1}{a^n}$로 약속하여도 좋다.

이와 같이 지수의 범위를 확장해 나가면 지수법칙 또한 다음과 같이 확장할 수 있다.

고등학교에 가면 더 자세히 배울 거야.

$a\neq0$, $b\neq0$이고 m, n이 정수일 때

(1) $a^m \times a^n = a^{m+n}$

(2) $(a^m)^n = a^{mn}$

(3) $a^m \div a^n = a^{m-n}$

(4) $(ab)^n = a^n b^n$, $\left(\frac{a}{b}\right)^n = \frac{a^n}{b^n}$

→ 정답과 해설 17쪽

대단원 핵심 한눈에 보기

01 지수법칙

m, n이 자연수일 때

(1) $a^m \times a^n = a^{\square}$

(2) $(a^m)^n = a^{\square}$

(3) ① $m>n$이면 $a^m \div a^n = a^{m-n}$

② $m=n$이면 $a^m \div a^n = \square$

③ $m<n$이면 $a^m \div a^n = \dfrac{1}{a^{\square}}$ (단, $a \neq 0$)

(4) ① $(ab)^n = a^n b^n$

② $\left(\dfrac{a}{b}\right)^n = \dfrac{a^{\square}}{b^{\square}}$ (단, $b \neq 0$)

02 단항식의 곱셈과 나눗셈

(1) 단항식의 곱셈: 계수는 계수끼리, 문자는 문자끼리 계산한다. 이때 같은 문자끼리의 곱셈은 ☐을 이용하여 간단히 한다.

(2) 단항식의 나눗셈: ☐꼴로 바꾸어 계산하거나 나누는 식의 역수를 곱하여 계산한다.

(3) 단항식의 곱셈과 나눗셈의 혼합 계산

❶ 괄호가 있으면 지수법칙을 이용하여 괄호를 푼다.

❷ 나눗셈은 나누는 식의 역수의 ☐으로 바꾼다.

❸ 계수는 계수끼리, 문자는 문자끼리 계산한다.

03 다항식의 덧셈과 뺄셈

(1) 다항식의 덧셈: 괄호를 풀고 ☐끼리 모아서 계산한다.

(2) 다항식의 뺄셈: 빼는 식의 각 항의 ☐를 바꾸어 더한다.

(3) 이차식의 덧셈과 뺄셈: 괄호를 풀고 동류항끼리 모아서 계산한다.

04 다항식의 곱셈과 나눗셈

(1) 단항식과 다항식의 곱셈: ☐을 이용하여 단항식을 다항식의 각 항에 곱한다.

(2) 다항식과 단항식의 나눗셈: 나눗셈을 분수꼴로 바꾸어 다항식의 각 항을 단항식으로 나누어 계산하거나 다항식에 단항식의 ☐를 곱하여 전개한다.

(3) 다항식의 혼합 계산

❶ ☐이 있으면 지수법칙을 이용하여 계산한다.

❷ 괄호가 있으면 (소괄호) → {중괄호} → [대괄호]의 순서로 푼다.

❸ 분배법칙을 이용하여 ☐, 나눗셈을 한다.

❹ 덧셈, 뺄셈을 한다.

III 일차부등식과 연립일차방정식

1 일차부등식

2 연립일차방정식

개념

01 부등식

(1) 부등식: 부등호 >, <, ≥, ≤를 사용하여 수 또는 식 사이의 대소 관계를 나타낸 식

① **좌변**: 부등호의 왼쪽 부분

② **우변**: 부등호의 오른쪽 부분

③ **양변**: 부등식의 좌변과 우변

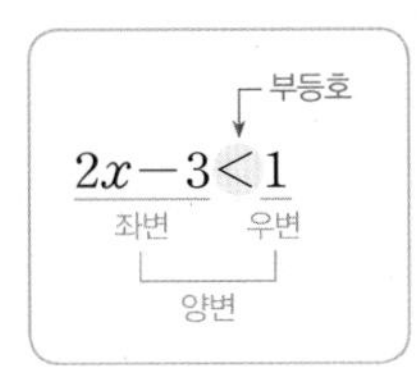

(2) 부등식의 표현

$a>b$	$a<b$	$a\geq b$	$a\leq b$
a는 b보다 크다. a는 b (가) 이다.	a는 b보다 작다. a는 b (나) 이다.	a는 b보다 크거나 같다. a는 b보다 작지 않다. a는 b (다) 이다.	a는 b보다 작거나 같다. a는 b보다 크지 않다. a는 b (라) 이다.

(3) 부등식의 해: 부등식을 참이 되게 하는 미지수의 값

참고 $x=a$가 부등식의 해이다. ➡ $x=a$를 부등식에 대입하면 부등식이 성립한다.

(4) 부등식을 푼다: 부등식의 해를 모두 구하는 것

Hint 이상, 이하, 초과, 미만

확인 1 다음 중 부등식인 것은 ○표, 부등식이 아닌 것은 ×표를 하시오.

(1) $2x+5=0$ (　　)

(2) $1-6\leq -4$ (　　)

(3) $3x-7>0$ (　　)

(4) $x+2y-9$ (　　)

확인 2 다음 <보기>의 부등식 중 $x=-2$를 해로 갖는 것을 모두 고르시오.

보기

ㄱ. $x+4>1$

ㄴ. $\frac{x}{2}-2\geq 0$

ㄷ. $2x+1\leq -5$

ㄹ. $1-3x<8$

정답과 해설 18쪽

O|X

5+9<14는 거짓이므로 부등식이 아니다. (○, ×)

응용 01-2

다지 선택

다음 중 [ ] 안의 수가 주어진 부등식의 해가 아닌 것은?

① $x-1\le-2$ [0]
② $5x<x-3$ [1]
③ $x\le4x-6$ [3]
④ $2x-1>x-7$ [−2]
⑤ $-3x+1<x+9$ [−1]

확장 01-3

다지 선택

다음 중 문장을 부등식으로 나타낸 것으로 옳지 않은 것은?

① x는 10보다 작지 않다. ➡ $x>10$
② x에 4를 더한 것은 5 미만이다. ➡ $x+4<5$
③ 한 개에 x원인 빵 10개의 가격은 8000원 이하이다. ➡ $10x\ge8000$
④ 자동차를 타고 시속 60 km로 x시간 동안 달린 거리는 300 km 이상이다. ➡ $60x\ge300$
⑤ 가로의 길이가 6 cm, 세로의 길이가 x cm인 직사각형의 둘레의 길이는 24 cm 초과이다.
➡ $2(6+x)<24$

부등식의 성질

(1) 부등식의 양변에 같은 수를 더하거나 양변에서 같은 수를 빼어도 부등호의 방향은 바뀌지 않는다.

➡ $a>b$일 때, $a+c>b+c$, $a-c$ (가) $b-c$

(2) 부등식의 양변에 같은 양수를 곱하거나 양변을 같은 양수로 나누어도 부등호의 방향은 바뀌지 않는다.

➡ $a>b$, $c>0$일 때, $ac>bc$, $\frac{a}{c}>\frac{b}{c}$

(3) 부등식의 양변에 같은 음수를 곱하거나 양변을 같은 음수로 나누면 부등호의 방향은 바뀐다.

➡ $a>b$, $c<0$일 때, ac (나) bc, $\frac{a}{c}$ (다) $\frac{b}{c}$

참고 부등식의 성질은 부등호 $>$를 $\geq$로, $<$를 $\leq$로 바꾸어도 성립한다.

Hint $>$, $<$, $\geq$, $\leq$

확인 3 $a<b$일 때, 다음 □ 안에 알맞은 부등호를 써넣으시오.

(1) $a+2$ □ $b+2$

(2) $a-5$ □ $b-5$

(3) $6a$ □ $6b$

(4) $-\frac{a}{9}$ □ $-\frac{b}{9}$

확인 4 $x\geq4$일 때, 다음 식의 값의 범위를 구하시오.

(1) $x+3$

(2) $x-8$

(3) $-5x$

(4) $-\frac{x}{4}$

기본 02-1

O|X

부등식의 양변에 같은 수를 곱하면 부등호의 방향은 바뀌지 않는다. (○, ×)

응용 02-2

다지 선택

$a\ge b$일 때, 다음 중 옳지 <u>않은</u> 것은?

① $a+1\ge b+1$ ② $4-a\ge 4-b$ ③ $2a+7\ge 2b+7$

④ $-3a-10\le -3b-10$ ⑤ $-\frac{a+5}{8}\ge -\frac{b+5}{8}$

확장 02-3

$-3<x\le 6$이고 $A=5-\frac{4}{3}x$일 때, A의 값의 범위는?

① $-9\le A<3$ ② $-9<A\le 3$ ③ $-3\le A<9$

④ $-3<A\le 9$ ⑤ $-3\le A\le 9$

일차부등식의 풀이

(1) **일차부등식**: 부등식의 모든 항을 좌변으로 (가) 하여 정리한 식이

(일차식)>0, (일차식)<0, (일차식)≥ 0, (일차식)≤ 0

중 어느 하나의 꼴로 나타나는 부등식

(2) **일차부등식의 풀이**

❶ x를 포함한 항은 (나) 으로, 상수항은 우변으로 이항한다.

❷ 양변을 간단히 하여 다음 중 어느 하나의 꼴로 나타낸다.

$ax>b$, $ax<b$, $ax\geq b$, $ax\leq b$ $(a\neq 0)$

❸ 양변을 x의 계수 (다) 로 나누어 부등식의 해를 구한다.

참고 x의 계수 a가 음수일 때, 양변을 a로 나누면 부등호의 방향이 바뀐다.

(3) 일차부등식의 해를 수직선 위에 나타내면 다음과 같다.

$x>a$	$x<a$	$x\geq a$	$x\leq a$
a	a	a	a

참고 $>$, $<$이면 a에 대응하는 수직선 위의 점을 ○로 나타내고, $\geq$, $\leq$이면 a에 대응하는 수직선 위의 점을 ●로 나타낸다.

Hint 이항, 전개, 좌변, 우변, a, b, x, y

확인 5 다음 중 일차부등식인 것은 ○표, 일차부등식이 아닌 것은 ×표를 하시오.

(1) $4-x<0$ (　　)

(2) $x+5>x-3$ (　　)

(3) $2x-1=x+1$ (　　)

(4) $3(x-2)\leq x-2$ (　　)

확인 6 다음 일차부등식을 푸시오.

(1) $x-5\leq 1$

(2) $x+3>10$

(3) $3x-7<2$

(4) $3x\geq 5x+8$

x에 대한 일차부등식 $ax-b>0$의 해는 $x>\frac{b}{a}$이다. (○, ×)

다지 선택

다음 일차부등식 중 해가 $x\leq 3$인 것은?

① $4x\geq x+15$
② $5x-12\geq 9x$
③ $x-10\leq 2x-7$
④ $6x-5\leq 3x+4$
⑤ $3x-1\leq -4x+20$

다지 선택

$a>0$일 때, 다음 중 일차부등식 $-ax+3a\leq 0$을 만족시키는 자연수 x의 값이 될 수 있는 것은? (단, a는 상수이다.)

① 1
② 2
③ 3
④ 4
⑤ 5

개념 01, 02, 03 마무리

01 다지 선택

x가 절댓값이 2 이하인 자연수일 때, 다음 중 부등식 $2x+1\geq 4-x$의 해인 것은?

① -2 ② -1 ③ 0
④ 1 ⑤ 2

TIP

부등식의 해: 부등식을 □이 되게 하는 미지수의 값

Hint 참, 거짓

02

$A=4x+1$일 때, $-6\leq A<5$를 만족시키는 정수 x는 모두 몇 개인가?

① 1개 ② 2개 ③ 3개
④ 4개 ⑤ 5개

TIP

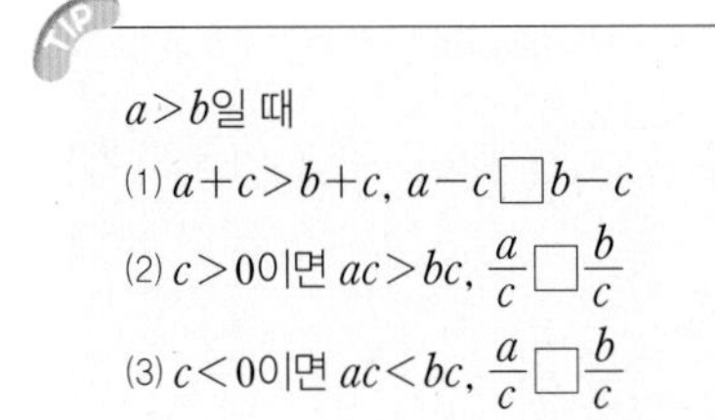

$a>b$일 때
(1) $a+c>b+c$, $a-c$ □ $b-c$
(2) $c>0$이면 $ac>bc$, $\frac{a}{c}$ □ $\frac{b}{c}$
(3) $c<0$이면 $ac<bc$, $\frac{a}{c}$ □ $\frac{b}{c}$

Hint $>$, $<$, $=$, $\geq$, $\leq$

03 다지 선택

다음 일차부등식 중 해가 같은 것을 모두 고르면?

① $2+x<-3$　② $-x+10<11$　③ $4x-8<-12$
④ $-3x+2>5$　⑤ $x+2>3x+4$

일차부등식은 다음과 같은 순서로 푼다.
❶ x를 포함한 항은 좌변으로, 상수항은 우변으로 □한다.
❷ 양변을 간단히 하여 다음 중 어느 하나의 꼴로 나타낸다.
$ax>b$, $ax<b$, $ax\geq b$, $ax\leq b$ $(a\neq 0)$
❸ 양변을 x의 계수 a로 나누어 부등식의 해를 구한다.

Hint 교환, 이항, 전개

04 단답형

일차부등식 $6x-a\geq x$의 해를 수직선 위에 나타내면 오른쪽 그림과 같을 때, 상수 a의 값을 구하시오.

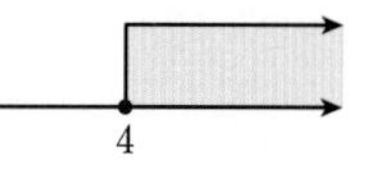

x의 계수가 문자인 일차부등식은 $ax>b$, $ax<b$, $ax\geq b$, $ax\leq b$ $(a\neq 0)$ 중 어느 하나의 꼴로 나타낸 후 양변을 x의 계수 a로 나누어 부등식의 해를 구한다. 이때 □이면 부등호의 방향은 바뀐다.

Hint $a>0$, $a=0$, $a<0$

개념 04 복잡한 일차부등식의 풀이

(1) **괄호가 있는 경우**: ((가))을 이용하여 괄호를 풀어 동류항끼리 간단히 한 후 푼다.

(2) **계수가 소수인 경우**: 양변에 10, 100, 1000, ⋯ 중 적당한 수를 곱하여 계수를 정수로 바꾸어 푼다.

예) 일차부등식 $0.2x+0.5>0.9$는 양변에 10을 곱하여 $2x+5>9$로 바꾸어 푼다.

(3) **계수가 분수인 경우**: 양변에 분모의 ((나))를 곱하여 계수를 정수로 바꾸어 푼다.

예) 일차부등식 $\frac{1}{2}x-\frac{2}{3}>\frac{1}{6}$은 양변에 6을 곱하여 $3x-4>1$로 바꾸어 푼다.

Hint 분배법칙, 결합법칙, 지수법칙, 최대공약수, 최소공배수

확인 7 다음은 일차부등식을 푸는 과정이다. □ 안에 알맞은 것을 써넣으시오.

(1) $0.3x-0.7<0.5$

주어진 부등식의 양변에 □을 곱하면
$3x-7<$□, $3x<$□
$\therefore x<$□

(2) $\frac{5}{2}x+4\geq\frac{1}{2}x$

주어진 부등식의 양변에 □를 곱하면
$5x+8\geq$□, □≥-8
$\therefore x\geq$□

확인 8 다음 일차부등식을 푸시오.

(1) $2(x-1)>x+1$

(2) $3(5-x)+6x\geq9$

(3) $-0.1x+0.9\leq0.8x$

(4) $\frac{1}{3}x+2<-\frac{2}{3}x+1$

O|X

일차부등식 $0.6x+1<-0.4$의 양변에 10을 곱하여 계수를 정수로 바꾸면 $6x+1<-4$이다.

(○, ×)

응용 04-2

다지 선택

다음 중 일차부등식 $4<-2x-(x-13)$을 만족시키는 자연수 x의 값이 될 수 있는 것은?

① 1 ② 2 ③ 3
④ 4 ⑤ 5

일차부등식 $0.5(x+3)\geq0.8(x+1)-2$를 만족시키는 자연수 x는 모두 몇 개인가?

① 6개 ② 7개 ③ 8개
④ 9개 ⑤ 10개

개념 05 일차부등식의 활용 (1)

(1) 일차부등식의 활용 문제는 다음과 같은 순서로 푼다.

❶ **미지수 정하기:** 문제의 뜻을 파악하고, 구하고자 하는 것을 미지수 x로 놓는다.

❷ **부등식 세우기:** 문제에 주어진 수량 사이의 대소 관계를 찾아서 일차부등식을 세운다.

❸ **부등식 풀기:** 일차부등식을 풀어서 x의 값의 범위를 구한다.

❹ **답 확인하기:** 구한 해가 문제의 조건에 맞는지 확인한다.

(2) 일차부등식의 활용 문제는 다음을 이용하여 부등식을 세운다.

① **수에 대한 문제**

- 연속하는 세 자연수: $x-1$, x, [(가)] (단, $x>1$)
- 연속하는 세 짝수(홀수): $x-2$, x, [(나)] (단, $x>2$)

② **물건의 개수에 대한 문제:** 두 물건 A, B를 합하여 a개를 살 때

- 물건 A의 개수를 x개라 하면 물건 B의 개수는 ([(다)])개
- (A의 총 가격)+(B의 총 가격)≤(가지고 있는 금액)

③ **도형에 대한 문제**

- (직사각형의 둘레의 길이)$=2\times${(가로의 길이)+(세로의 길이)}
- 삼각형의 세 변의 길이가 주어질 때, (가장 [(라)] 변의 길이)<(나머지 두 변의 길이의 합)

Hint $1-x$, $2-x$, $x+1$, $x+2$, $a+x$, $a-x$, 긴, 짧은

확인 9 다음은 어떤 수의 2배에서 5를 뺀 수가 23보다 클 때, 이를 만족시키는 어떤 수 중에서 가장 작은 정수를 구하는 과정이다. □ 안에 알맞은 것을 써넣으시오.

❶ 미지수 정하기	어떤 수를 x라 하자.
❷ 부등식 세우기	어떤 수의 2배에서 5를 뺀 수는 □ 이 수가 23보다 크므로 □>23
❸ 부등식 풀기	$2x>28$에서 $x>$□
❹ 답 구하기	따라서 가장 작은 정수는 □이다.

확인 10 다음은 세로의 길이가 18 cm인 직사각형의 둘레의 길이가 52 cm 이상이 되게 하려고 할 때, 가로의 길이는 최소 몇 cm 이상이 되어야 하는지 구하는 과정이다. □ 안에 알맞은 것을 써넣으시오.

❶ 미지수 정하기	직사각형의 가로의 길이를 x cm라 하자.
❷ 부등식 세우기	직사각형의 둘레의 길이가 52 cm 이상이므로 $2(x+$□$)\geq52$
❸ 부등식 풀기	괄호를 풀면 $2x+$□≥52 ∴ $x\geq$□
❹ 답 구하기	따라서 직사각형의 가로의 길이는 □ cm 이상이어야 한다.

길이가 10 cm인 변의 길이를 10 % 늘린 후 다시 10 % 줄이면 그 길이는 처음 길이와 같다. (○, ×)

삼각형의 세 변의 길이가 각각 $x-2$, $x+1$, $x+6$일 때, 다음 중 자연수 x의 값이 될 수 있는 것은?

① 5　② 6　③ 7
④ 8　⑤ 9

한 개에 500원인 사과와 한 개에 800원인 배를 합하여 10개를 사려고 한다. 총 금액이 7000원 이하가 되게 하려고 할 때, 배는 최대 몇 개까지 살 수 있는가?

① 4개　② 5개　③ 6개
④ 7개　⑤ 8개

개념 06 일차부등식의 활용 (2)

(1) 거리, 속력, 시간에 대한 문제: 거리, 속력, 시간에 대한 문제는 다음을 이용하여 부등식을 세운다.

① (거리)=(속력)×(시간) ② (속력)=$\dfrac{(\text{거리})}{(\text{시간})}$ ③ (시간)=$\dfrac{(\boxed{\text{(가)}})}{(\boxed{\text{(나)}})}$

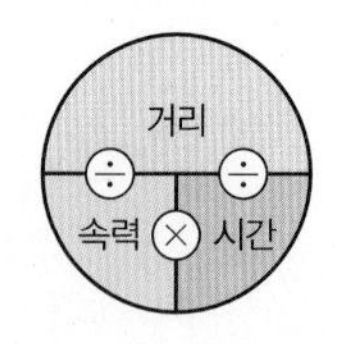

참고 거리, 속력, 시간에 대한 문제는 먼저 단위를 맞춘 후 부등식을 세운다.

(2) 소금물의 농도에 대한 문제: 소금물의 농도에 대한 문제는 다음을 이용하여 부등식을 세운다.

① (소금물의 농도)=$\dfrac{(\text{소금의 양})}{(\text{소금물의 양})}\times 100\ (\%)$

② (소금의 양)=$\dfrac{(\text{소금물의 농도})}{100}\times(\boxed{\text{(다)}})$

참고 소금물에 물을 더 넣거나 증발시키는 경우에는 소금의 양은 변하지 않고, 소금물의 양만 증가 또는 감소한다.

Hint 거리, 속력, 시간, 소금물의 농도, 소금의 양, 소금물의 양

확인 11 규민이가 집에서 출발하여 산책을 다녀오는데 갈 때는 시속 2 km로 걷고, 올 때는 같은 길을 시속 3 km로 걸어서 총 1시간 이내에 다녀오려고 한다. 다음 물음에 답하시오.

(1) 집에서 x km 떨어진 지점까지 다녀온다고 할 때, 다음 표를 완성하시오.

	거리(km)	속력(km/h)	시간(시간)
갈 때	x	2	
올 때			

(2) 조건을 만족시키는 부등식을 세우시오.

(3) 집에서 최대 몇 km 떨어진 지점까지 다녀올 수 있는지 구하시오.

확인 12 농도가 5 %인 소금물 200 g에 물을 더 넣어 농도가 3 % 이하인 소금물을 만들려고 한다. 다음 물음에 답하시오.

(1) 물을 x g 더 넣는다고 할 때, 다음 표를 완성하시오.

	농도(%)	소금물의 양(g)	소금의 양(g)
물을 넣기 전	5	200	
물을 넣은 후	3		

(2) 조건을 만족시키는 부등식을 세우시오.

(3) 물을 몇 g 이상 더 넣어야 하는지 구하시오.

(거리)=(속력)×(시간)이므로 시속 10 km로 30분 동안 이동한 거리는 $10\times30=300$(km)이다. (○, ×)

응용 06-2
다지 선택

어느 기차역에서 승원이는 기차가 출발하기까지 2시간의 여유가 있어서 서점에 가서 책을 사오려고 한다. 승원이가 시속 4 km로 같은 길로 다녀오고, 서점에서 책을 사는 데 10분이 걸린다고 할 때, 다음 중 기차역에서 서점까지의 거리가 될 수 있는 것은?

① 1 km ② 2 km ③ 3 km
④ 4 km ⑤ 5 km

다지 선택

농도가 6 %인 설탕물 300 g에서 물을 증발시켜 농도가 10 % 이상인 설탕물을 만들려고 한다. 다음 중 증발시킬 물의 양이 될 수 있는 것은?

① 100 g ② 110 g ③ 120 g
④ 130 g ⑤ 140 g

개념 04, 05, 06 마무리

01 다지선택

일차부등식 $\frac{5x-3}{2}>a$를 만족시키는 가장 작은 정수 x의 값이 5일 때, 다음 중 상수 a의 값이 될 수 있는 자연수는?

① 7　② 8　③ 9
④ 10　⑤ 11

TIP
계수가 분수인 일차부등식은 양변에 분모의 ☐를 곱하여 계수를 정수로 바꾸어 푼다.

Hint 최대공약수, 최소공배수, 10의 거듭제곱

02 다지선택

어떤 물건의 정가를 원가에 40 %의 이익을 붙여서 정하면 정가에서 1000원을 할인하여 팔아도 원가의 20 % 이상의 이익을 얻을 수 있다고 한다. 다음 중 이 물건의 원가가 될 수 있는 것은?

① 2000원　② 3000원　③ 4000원
④ 5000원　⑤ 6000원

원가, 정가에 대한 일차부등식의 활용 문제는 다음을 이용하여 부등식을 세운다.

(1) 원가가 x원인 물건에 a %의 이익을 붙인 정가는 $x+x\times\frac{a}{100}$, 즉 x(☐)(원)

(2) 정가가 x원인 물건을 b % 할인한 가격은 $x-x\times\frac{b}{100}$, 즉 x(☐)(원)

Hint $\frac{a}{100}$, $\frac{b}{100}$, $1+\frac{a}{100}$, $1-\frac{a}{100}$, $1+\frac{b}{100}$, $1-\frac{b}{100}$

03

하윤이는 등산을 다녀오는데 올라갈 때는 시속 3 km로 걷고, 내려올 때는 같은 길을 시속 4 km로 걸어서 총 1시간 10분 이내로 다녀오려고 한다. 하윤이는 최대 몇 km까지 올라갔다 올 수 있는가?

① 1 km ② $\frac{3}{2}$ km ③ 2 km
④ $\frac{5}{2}$ km ⑤ 3 km

TIP

거리, 속력, 시간에 대한 일차부등식의 활용 문제는 다음을 이용하여 부등식을 세운다.

(1) (거리)=(속력)×(시간)

(2) (속력)=$\frac{(\square)}{(\square)}$

(3) (시간)=$\frac{(거리)}{(속력)}$

Hint 거리, 속력, 시간

04

단답형

농도가 5 %인 소금물 200 g에 농도가 10 %인 소금물을 섞어서 농도가 8 % 이상인 소금물을 만들려고 한다. 이때 농도가 10 %인 소금물은 몇 g 이상 섞어야 하는지 구하시오.

TIP

소금물의 농도에 대한 일차부등식의 활용 문제는 다음을 이용하여 부등식을 세운다.

(1) (소금물의 농도)=$\frac{(소금의 양)}{(소금물의 양)}\times 100$ (%)

(2) ($\square$)=$\frac{(소금물의 농도)}{100}\times$(소금물의 양)

Hint 소금물의 농도, 소금의 양, 소금물의 양

중단원 마무리

STEP 1 기본

개념1

01 다음 중 부등식인 것은?

다지 선택

① $x+2$ ② $3x+5=9$
③ $6-10\leq 0$ ④ $2x-y=4$
⑤ $x^2+8x+7>0$

개념3

02 일차부등식 $3x-4\geq -2x+7$을 만족시키는 가장 작은 자연수 x의 값은?

① 1 ② 2 ③ 3
④ 4 ⑤ 5

개념4

03 다음 중 일차부등식 $0.2x+1>0.5x-0.2$를 만족시키는 자연수 x의 값이 될 수 있는 것은?

다지 선택

① 1 ② 2 ③ 3
④ 4 ⑤ 5

개념5

04 한 송이에 1000원인 장미와 한 송이에 2000원인 백합을 합하여 15 송이를 사는데 총 금액이 20000원을 넘지 않게 하려고 한다. 이때 백합은 최대 몇 송이까지 살 수 있는가?

① 5송이 ② 8송이 ③ 10송이
④ 12송이 ⑤ 14송이

STEP 2 실전

개념1

05 다음 중 문장을 부등식으로 나타낸 것으로 옳은 것은?

다지 선택

① 어떤 수 x는 -3보다 크지 않다. ➡ $x<-3$
② 어떤 수 x에서 1을 뺀 수는 9보다 작다. ➡ $x-1<9$
③ 어떤 수 x의 2배에 3을 더한 수는 x의 5배보다 크다. ➡ $2x+3<5x$
④ 한 자루에 x원인 연필 6자루의 가격은 2500원 이상이다. ➡ $6x\geq 2500$
⑤ 한 개에 x원인 사과 5개를 3000원짜리 바구니에 담아 포장할 때, 총 가격은 10000원 미만이다. ➡ $x+5+3000<10000$

개념2

06 $-a+3>-b+3$일 때, 다음 중 옳은 것은?

다지 선택

① $a-1>b-1$ ② $\frac{a}{6}<\frac{b}{6}$
③ $2a+3>2b+3$ ④ $-a+9>-b+9$
⑤ $-\frac{a}{5}-7>-\frac{b}{5}-7$

개념3

07 다음 일차부등식 중 해를 수직선 위에 나타낸 것이 오른쪽 그림과 같은 것은?

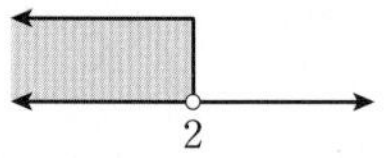

다지 선택

2

① $x+8>10$ ② $7-x<5$
③ $-2x+9>13$ ④ $-3x>3x-12$
⑤ $x+3>2x+1$

개념3

08 $a<b$일 때, 일차부등식 $ax+a>bx+b$를 풀면? (단, a, b는 상수이다.)

① $x>-1$ ② $x<-1$ ③ $x>1$
④ $x<1$ ⑤ $-1<x<1$

개념4

09 일차부등식 $0.3(3x+1)<\frac{1}{5}(2x-1)$을 풀면?

① $x>-5$　② $x<-5$　③ $x>-1$
④ $x<-1$　⑤ $x>-\frac{1}{5}$

개념4

10 다음 두 일차부등식의 해가 서로 같을 때, 상수 a의 값은?

$$\frac{2x+7}{3}\le 3-x,\quad a-x\ge 3x-a$$

① $-\frac{32}{5}$　② $-\frac{16}{5}$　③ $\frac{4}{5}$
④ $\frac{16}{5}$　⑤ $\frac{32}{5}$

개념5

11 다지 선택

집 근처 가게에서 한 개에 500원인 음료수를 도매 시장에 가서 사면 한 개에 300원에 살 수 있다. 도매 시장까지의 왕복 차비가 2400원일 때, 음료수를 몇 개 사면 도매 시장에서 사는 것이 유리한가?

① 11개　② 12개　③ 13개
④ 14개　⑤ 15개

개념5

12 어느 동물원의 입장료가 1인당 5000원인데 30명 이상이면 15 % 할인된 단체 입장권을 살 수 있다고 한다. 최소 몇 명 이상이면 30명의 단체 입장권을 사는 것이 유리한가?

① 25명　② 26명　③ 27명
④ 28명　⑤ 29명

STEP 3 단답형

개념3

13 일차부등식 $5x-a\le 2x$를 만족시키는 자연수 x의 값이 2개일 때, 상수 a의 값 중 가장 큰 자연수와 가장 작은 자연수의 합을 구하시오.

개념4

14 일차부등식 $0.\dot{7}x-0.\dot{1}<0.\dot{3}x+1.\dot{6}$을 만족시키는 자연수 x는 모두 몇 개인지 구하시오.

개념5

15 어느 주차장의 주차 요금은 30분까지는 1500원이고, 30분이 지나면 1분마다 100원씩 요금이 추가된다고 한다. 주차 요금이 3000원을 넘지 않으려면 최대 몇 분 동안 주차할 수 있는지 구하시오.

개념6

16 서진이는 비행기 탑승 시간까지 1시간의 여유가 있어서 상점에 가서 물건을 사오려고 한다. 서진이가 갈 때는 시속 3 km로, 돌아올 때는 같은 길을 시속 4 km로 걷고, 상점에서 물건을 사는 데 18분이 걸린다고 할 때, 공항에서 몇 km 이내에 있는 상점까지 다녀올 수 있는지 구하시오.

연립일차방정식과 그 해

(1) 미지수가 2개인 일차방정식

① **미지수가 2개인 일차방정식:** 미지수가 (가) 개이고, 그 차수가 모두 (나) 인 방정식

➡ $ax+by+c=0$ (단, a, b, c는 상수, $a\neq0$, $b\neq0$)

② **미지수가 2개인 일차방정식의 해:** 미지수가 2개인 일차방정식을 참이 되게 하는 x, y의 값 또는 그 순서쌍 (x, y)

③ **일차방정식을 푼다:** 일차방정식의 해를 모두 구하는 것

(2) 미지수가 2개인 연립일차방정식

① **미지수가 2개인 연립일차방정식:** 미지수가 2개인 (다) 두 개를 한 쌍으로 묶어 나타낸 것

② **연립방정식의 해:** 연립방정식의 두 일차방정식을 동시에 만족시키는 x, y의 값 또는 그 순서쌍 (x, y)

③ **연립방정식을 푼다:** 연립방정식의 해를 모두 구하는 것

Hint 0, 1, 2, 3, 일차부등식, 일차방정식, 연립방정식

확인 13 다음 중 미지수가 2개인 일차방정식인 것은 ○표, 미지수가 2개인 일차방정식이 아닌 것은 ×표를 하시오.

(1) $y=-3x+4$ (　　)

(2) $2x-11y=0$ (　　)

(3) $\frac{1}{x}-\frac{2}{y}=-6$ (　　)

(4) $x+5y+8$ (　　)

확인 14 다음 연립방정식 중 $x=-1$, $y=2$를 해로 갖는 것은 ○표, 해로 갖지 않는 것은 ×표를 하시오.

(1) $\begin{cases} x+y=1 \\ 2x-3y=-8 \end{cases}$ (　　)

(2) $\begin{cases} x-y=-3 \\ 3x+2y=5 \end{cases}$ (　　)

(3) $\begin{cases} x+5y=9 \\ 4x-3y=1 \end{cases}$ (　　)

(4) $\begin{cases} 6x+y=-4 \\ x-6y=-13 \end{cases}$ (　　)

두 일차방정식 A, B의 해가 서로 같을 때, 일차방정식 A의 해를 일차방정식 B에 대입하면 등식이 성립한다. (○, ×)

응용 07-2

다지 선택

다음 중 일차방정식 $2x+5y=-9$의 해인 것은?

① $(-7, 1)$ ② $(-2, -1)$ ③ $\left(-1, \frac{7}{5}\right)$

④ $\left(\frac{1}{2}, -2\right)$ ⑤ $(3, -3)$

확장 07-3

연립방정식 $\begin{cases} ax+y=7 \\ x+by=11 \end{cases}$의 해가 $x=3$, $y=4$일 때, $a+b$의 값은? (단, a, b는 상수이다.)

① -3 ② -2 ③ 2

④ 3 ⑤ 4

개념 08 연립일차방정식의 풀이

(1) 가감법

① **가감법**: 연립방정식의 두 일차방정식을 변끼리 더하거나 빼어서 한 미지수를 없앤 후 연립방정식의 해를 구하는 방법

② **가감법을 이용한 연립방정식의 풀이**

❶ 없애려는 미지수의 계수의 [(가)]이 같아지도록 각 방정식의 양변에 적당한 수를 곱한다.

❷ ❶의 두 식을 변끼리 더하거나 빼어서 한 미지수를 없앤 후 방정식을 푼다.

❸ ❷에서 구한 해를 두 일차방정식 중 하나에 대입하여 다른 미지수의 값을 구한다.

참고 미지수를 없앨 때, 계수의 부호가 같으면 두 방정식을 변끼리 빼고, 계수의 부호가 다르면 두 방정식을 변끼리 더한다.

(2) 대입법

① **대입법**: 연립방정식의 두 일차방정식 중 한 방정식을 하나의 미지수에 대하여 정리하고 이를 다른 방정식에 [(나)]하여 연립방정식의 해를 구하는 방법

② **대입법을 이용한 연립방정식의 풀이**

❶ 한 방정식을 $x=$(y에 대한 식) 또는 $y=$(x에 대한 식) 꼴로 나타낸다.

❷ ❶의 식을 다른 방정식에 대입하여 한 미지수를 없앤 후 일차방정식을 푼다.

❸ ❷에서 구한 해를 ❶의 식에 대입하여 다른 미지수의 값을 구한다.

참고 한 문자에 식을 대입할 때는 반드시 괄호를 사용한다.

Hint 부호, 절댓값, 대입, 이항

확인 15 다음은 연립방정식을 가감법을 이용하여 푸는 과정이다. □ 안에 알맞은 수를 써넣으시오.

(1) $\begin{cases} 2x+y=4 & \cdots\cdots ㉠ \\ x-y=-1 & \cdots\cdots ㉡ \end{cases}$

㉠+㉡을 하면

$\square x=3$ $\quad\therefore x=\square$

$x=\square$을 ㉠에 대입하면

$\square+y=4$ $\quad\therefore y=\square$

따라서 연립방정식의 해는 $x=\square$, $y=\square$

(2) $\begin{cases} 5x-y=17 & \cdots\cdots ㉠ \\ 4x-3y=18 & \cdots\cdots ㉡ \end{cases}$

㉠×3−㉡을 하면

$11x=33$ $\quad\therefore x=\square$

$x=\square$을 ㉠에 대입하면

$\square-y=17$ $\quad\therefore y=\square$

따라서 연립방정식의 해는 $x=\square$, $y=\square$

확인 16 다음은 연립방정식을 대입법을 이용하여 푸는 과정이다. □ 안에 알맞은 것을 써넣으시오.

(1) $\begin{cases} 2x+y=4 & \cdots\cdots ㉠ \\ y=x+1 & \cdots\cdots ㉡ \end{cases}$

㉡을 ㉠에 대입하면

$2x+(x+1)=4$ $\quad\therefore x=\square$

$x=\square$을 ㉡에 대입하면 $y=\square$

따라서 연립방정식의 해는 $x=\square$, $y=\square$

(2) $\begin{cases} y=5x-17 & \cdots\cdots ㉠ \\ 4x-3y=18 & \cdots\cdots ㉡ \end{cases}$

㉠을 ㉡에 대입하면

$4x-3(\square)=18$ $\quad\therefore x=\square$

$x=\square$을 ㉠에 대입하면 $y=\square$

따라서 연립방정식의 해는 $x=\square$, $y=\square$

정답과 해설 25쪽

기본 08-1 O|X

연립방정식 $\begin{cases} x-y=2 & \cdots\cdots ㉠ \\ 2x+3y=5 & \cdots\cdots ㉡ \end{cases}$ 을 가감법을 이용하여 풀 때, 필요한 식은 ㉠×2−㉡ 또는 ㉠×3−㉡이다.   (○, ×)

응용 08-2

연립방정식 $\begin{cases} 4x-y=6 \\ 3x+2y=-1 \end{cases}$ 의 해를 $x=a$, $y=b$라 할 때, $a+b$의 값은?

① -2 ② -1 ③ 1
④ 2 ⑤ 3

연립방정식 $\begin{cases} ax+y=6 \\ -5x-y=-14 \end{cases}$ 를 만족시키는 y의 값이 x의 값의 2배일 때, 상수 a의 값은?

① 1 ② 2 ③ 3
④ 4 ⑤ 5

개념 07, 08 마무리

01

x, y가 자연수일 때, 일차방정식 $3x+5y=24$의 해 (x, y)는 모두 몇 개인가?

① 1개　② 2개　③ 3개　④ 4개　⑤ 5개

TIP

(1) **미지수가 2개인 일차방정식:** 미지수가 2개이고, 그 차수가 모두 1인 □

➡ $ax+by+c=0$ (단, a, b, c는 상수, $a\neq0$, $b\neq0$)

(2) **미지수가 2개인 일차방정식의 해:** 미지수가 2개인 일차방정식을 □이 되게 하는 x, y의 값 또는 그 순서쌍 (x, y)

Hint 방정식, 부등식, 뜻, 해, 참, 거짓

02

연립방정식 $\begin{cases} 3x-y=2 \\ ax+2y=-8 \end{cases}$의 해가 $(4, b)$일 때, $b-a$의 값은? (단, a는 상수이다.)

① -17　② -3　③ 1　④ 3　⑤ 17

(1) **미지수가 2개인 연립일차방정식:** 미지수가 2개인 □ 두 개를 한 쌍으로 묶어 나타낸 것

(2) **연립방정식의 □:** 연립방정식의 두 일차방정식을 동시에 만족시키는 x, y의 값 또는 그 순서쌍 (x, y)

Hint 일차방정식, 일차부등식, 뜻, 해, 푼다

정답과 해설 25쪽

03

연립방정식 $\begin{cases} ax-by=12 \\ bx-ay=2 \end{cases}$의 해가 $x=2$, $y=3$일 때, $a+b$의 값은? (단, a, b는 상수이다.)

① -14 ② -2 ③ 0
④ 2 ⑤ 14

가감법을 이용한 연립방정식의 풀이

❶ 없애려는 미지수의 계수의 [ ]이 같아지도록 각 방정식의 양변에 적당한 수를 곱한다.
❷ ❶의 두 식을 변끼리 더하거나 빼어서 한 미지수를 없앤 후 방정식을 푼다.
❸ ❷에서 구한 해를 두 일차방정식 중 하나에 [ ]하여 다른 미지수의 값을 구한다.

Hint 합, 차, 절댓값, 대입, 이항

04 단답형

연립방정식 $\begin{cases} x+3y-6=0 \\ 6x+3ay+4=0 \end{cases}$의 해 (x, y)가 일차방정식 $\frac{x}{3}=\frac{y}{2}$를 만족시킬 때, 상수 a의 값을 구하시오.

대입법을 이용한 연립방정식의 풀이

❶ 한 방정식을 $x=$(y에 대한 식) 또는 $y=$(x에 대한 식) 꼴로 나타낸다.
❷ ❶의 식을 다른 방정식에 대입하여 한 미지수를 [ ] 후 일차방정식을 푼다.
❸ ❷에서 구한 해를 ❶의 식에 [ ]하여 다른 미지수의 값을 구한다.

Hint 뺀, 더한, 없앤, 남긴, 대입, 이항

개념 09 여러 가지 연립방정식의 풀이

(1) 복잡한 연립방정식의 풀이

① **괄호가 있는 경우:** 분배법칙을 이용하여 괄호를 풀어 (가) 끼리 간단히 한 후 푼다.

② **계수가 소수인 경우:** 양변에 10, 100, 1000, ⋯ 중 적당한 수를 곱하여 계수를 정수로 바꾸어 푼다.

③ **계수가 분수인 경우:** 양변에 분모의 (나) 를 곱하여 계수를 정수로 바꾸어 푼다.

(2) $A=B=C$ 꼴의 방정식의 풀이

$A=B=C$ 꼴의 방정식은 $\begin{cases} A=B \\ A=C \end{cases}$ 또는 $\begin{cases} A=B \\ B=C \end{cases}$ 또는 $\begin{cases} A=C \\ B=C \end{cases}$ 중의 어느 하나로 바꾸어 푼다.

(3) 해가 특수한 연립방정식의 풀이

① **해가 무수히 많은 경우:** 연립방정식의 두 일차방정식 중 어느 한 방정식의 양변에 수를 곱하였을 때, 나머지 방정식과 미지수의 계수와 상수항이 각각 같으면 연립방정식의 해가 무수히 (다) .

예 연립방정식 $\begin{cases} x+y=2 \\ 2x+2y=4 \end{cases}$ 에서 $\begin{cases} 2x+2y=4 \\ 2x+2y=4 \end{cases}$ ∴ 해가 무수히 많다.

② **해가 없는 경우:** 연립방정식의 두 일차방정식 중 어느 한 방정식의 양변에 수를 곱하였을 때, 나머지 방정식과 미지수의 계수는 각각 같으나 상수항이 다르면 연립방정식의 해가 (라) .

예 연립방정식 $\begin{cases} x+y=2 \\ 2x+2y=5 \end{cases}$ 에서 $\begin{cases} 2x+2y=4 \\ 2x+2y=5 \end{cases}$ ∴ 해가 없다.

Hint 동류항, 계수, 상수, 최소공배수, 최대공약수, 많다, 적다, 없다

확인 17 다음 방정식을 푸시오.

(1) $\begin{cases} x+8y=-5 \\ 2(x-y)=3-5y \end{cases}$

(2) $\begin{cases} \dfrac{x}{3}-y=\dfrac{2}{3} \\ \dfrac{x}{2}-\dfrac{y}{3}=\dfrac{13}{6} \end{cases}$

(3) $\begin{cases} 0.2x+0.1y=0.1 \\ 0.3x-0.2y=1.2 \end{cases}$

(4) $2x+y+1=5x-y-6=1$

확인 18 다음 연립방정식 중 해가 무수히 많은 것은 ○표, 해가 없는 것은 ×표를 하시오.

(1) $\begin{cases} x+y=4 \\ 2x+2y=8 \end{cases}$ (　　)

(2) $\begin{cases} x-y=-1 \\ 5x-5y=-1 \end{cases}$ (　　)

(3) $\begin{cases} x-2y=3 \\ 3x-6y=-9 \end{cases}$ (　　)

(4) $\begin{cases} -3x+y=5 \\ 12x-4y=-20 \end{cases}$ (　　)

기본 09-1

O|X

방정식 $x+y=3x+5y+2=2$는 $\begin{cases} x+y=3x+5y+2 \\ x+y=2 \end{cases}$ 또는 $\begin{cases} x+y=3x+5y+2 \\ 3x+5y+2=2 \end{cases}$ 또는 $\begin{cases} x+y=2 \\ 3x+5y+2=2 \end{cases}$ 중의 어느 하나로 바꾸어 푼다. (○, ×)

응용 09-2

연립방정식 $\begin{cases} x+y=1 \\ 2x-ay=b \end{cases}$의 해가 무수히 많을 때, 상수 a, b의 값은?

① $a=-4$, $b=-4$ ② $a=-2$, $b=-2$ ③ $a=-2$, $b=2$
④ $a=2$, $b=-4$ ⑤ $a=4$, $b=4$

확장 09-3

연립방정식 $\begin{cases} 0.2x-0.3y=1 \\ 2(y+4)+x=-2 \end{cases}$의 해가 $x=a$, $y=b$일 때, $a-b$의 값은?

① $-\frac{40}{7}$ ② $-\frac{20}{7}$ ③ $\frac{10}{7}$
④ $\frac{20}{7}$ ⑤ $\frac{40}{7}$

연립방정식의 활용

(1) 연립방정식의 활용 문제는 다음과 같은 순서로 푼다.

❶ 미지수 정하기: 문제의 뜻을 파악하고, 구하고자 하는 것을 미지수 x로 놓는다.
❷ 연립방정식 세우기: 문제에 주어진 수량 사이의 관계를 찾아서 연립방정식을 세운다.
❸ 연립방정식 풀기: 연립방정식을 풀어서 x의 값을 구한다.
❹ 답 확인하기: 구한 해가 문제의 조건에 맞는지 확인한다.

(2) 연립방정식의 활용 문제는 다음을 이용하여 연립방정식을 세운다.

① 수에 대한 문제: 십의 자리의 숫자가 x, 일의 자리의 숫자가 y인 두 자리 자연수는 (가)
② 가격, 개수에 대한 문제: (전체 가격)=(물건 1개의 가격)×(물건의 개수)
③ 나이에 대한 문제: 올해 나이가 x세인 사람의 a년 전의 나이는 $(x-a)$세, a년 후의 나이는 ((나))세
④ 거리, 속력, 시간에 대한 문제

$$(\text{거리})=(\text{속력})\times(\text{시간}),\ (\text{속력})=\frac{(\text{거리})}{(\text{시간})},\ (\boxed{(\text{다})})=\frac{(\text{거리})}{(\text{속력})}$$

⑤ 소금물의 농도에 대한 문제

$$(\text{소금물의 농도})=\frac{(\text{소금의 양})}{(\text{소금물의 양})}\times100\ (\%),\ (\text{소금의 양})=\frac{(\text{소금물의 농도})}{100}\times(\boxed{(\text{라})})$$

Hint $10x+y$, $x+y$, $x+a$, $a-x$, 거리, 속력, 시간, 소금의 양, 소금물의 양

확인 19 각 자리의 숫자의 합이 11인 두 자리 자연수의 십의 자리의 숫자와 일의 자리의 숫자를 서로 바꾸면 처음 수보다 45만큼 커진다고 한다. 다음 물음에 답하시오.

(1) 처음 수의 십의 자리의 숫자를 x, 일의 자리의 숫자를 y라 할 때, x, y에 대한 연립방정식을 세우시오.
(2) (1)의 연립방정식을 푸시오.
(3) 처음 두 자리 자연수를 구하시오.

확인 20 올해 아버지와 딸의 나이의 합은 55세이고, 13년 후에는 아버지의 나이가 딸의 나이의 2배가 된다고 한다. 다음 물음에 답하시오.

(1) 올해 아버지의 나이를 x세, 딸의 나이를 y세라 할 때, x, y에 대한 연립방정식을 세우시오.
(2) (1)의 연립방정식을 푸시오.
(3) 올해 딸의 나이를 구하시오.

O|X

한 개에 200원인 사탕 x개와 한 개에 400원인 초콜릿 y개를 합하여 총 6개를 사고 2000원을 지불하였다. 이것을 x, y에 대한 연립방정식으로 나타내면 $\begin{cases} x+y=6 \\ 200+400=2000 \end{cases}$ 이다. (○, ×)

응용 10-2

민경이는 수학 시험에서 4점짜리와 5점짜리 문제를 총 21문제 맞혀 86점을 받았다. 이때 민경이는 4점짜리 문제를 몇 개 맞혔는가?

① 17개 ② 18개 ③ 19개
④ 20개 ⑤ 21개

세현이가 집에서 5 km 떨어진 약속 장소까지 가는데 시속 4 km로 걷다가 늦을 것 같아 시속 6 km로 뛰었더니 총 1시간이 걸렸다고 한다. 이때 세현이가 시속 4 km로 걸어간 거리는?

① 1 km ② 2 km ③ 3 km
④ 4 km ⑤ 5 km

개념 09, 10 마무리

01

방정식 $-x+5y+14=2x-4y-13=2x-y-7$을 풀면?

① $x=-3,\ y=-4$ ② $x=-3,\ y=-2$ ③ $x=3,\ y=-2$
④ $x=3,\ y=4$ ⑤ $x=4,\ y=-3$

TIP

$A=B=C$ 꼴의 방정식은 $\begin{cases} A=B \\ A=C \end{cases}$ 또는 $\begin{cases} \square \\ B=C \end{cases}$ 또는 $\begin{cases} A=C \\ \square \end{cases}$ 중의 어느 하나로 바꾸어 푼다.

Hint $A=B,\ A=C,\ B=C,\ A=B=C$

02

다지 선택

연립방정식 $\begin{cases} ax-10y=2 \\ -3x+5y=b \end{cases}$의 해가 없을 때, 다음 중 상수 a, b의 값이 될 수 있는 것은?

① $a=-6,\ b=-1$ ② $a=-6,\ b=1$ ③ $a=6,\ b=-1$
④ $a=6,\ b=1$ ⑤ $a=6,\ b=6$

연립방정식의 두 일차방정식 중 어느 한 방정식의 양변에 수를 곱하였을 때, 나머지 방정식과 미지수의 계수는 각각 같으나 상수항이 다르면 연립방정식의 해가 $\square$.

Hint 무수히 많다, 오직 1개이다, 없다

03

지원이와 동혁이가 가위바위보를 하여 이긴 사람은 3계단 올라가고 진 사람은 2계단 내려가기로 하였다. 게임을 마친 후 지원이는 처음보다 3계단, 동혁이는 8계단 위에 있었을 때, 지원이가 가위바위보를 이긴 횟수는? (단, 가위바위보에서 비기는 경우는 생각하지 않는다.)

① 2회 ② 3회 ③ 4회
④ 5회 ⑤ 6회

TIP

두 사람 A, B가 가위바위보를 할 때

(A가 이긴 횟수)=(B가 □ 횟수), (A가 진 횟수)=(B가 □ 횟수)

(단, 가위바위보에서 비기는 경우는 생각하지 않는다.)

Hint 이긴, 비긴, 진

04 단답형

농도가 6 %인 소금물 x g과 농도가 10 %인 소금물 y g을 섞어서 농도가 7 %인 소금물 1200 g을 만들려고 한다. 이때 x, y의 값을 구하시오.

TIP

소금물의 농도에 대한 연립방정식의 활용 문제는 다음을 이용하여 연립방정식을 세운다.

(1) (□)$=\frac{(\text{소금의 양})}{(\text{소금물의 양})}\times 100\,(\%)$

(2) (소금의 양)$=\frac{(\text{소금물의 농도})}{100}\times$(□)

Hint 소금물의 농도, 소금물의 양, 소금의 양, 100

중단원 **마무리**

STEP 1 기본

01 다음 중 일차방정식 $x+5y=26$의 해인 것은? 개념7

다지 선택

① $(-4,\ -6)$ ② $(-3,\ -4)$
③ $(1,\ 5)$ ④ $(11,\ 3)$
⑤ $(16,\ 2)$

02 연립방정식 $\begin{cases} 2x+4y=5 & \cdots\cdots ㉠ \\ 5x-3y=-7 & \cdots\cdots ㉡ \end{cases}$을 가감법을 이용하여 풀 때, 필요한 식은? 개념8

다지 선택

① ㉠$\times2-$㉡$\times5$ ② ㉠$\times3-$㉡$\times4$
③ ㉠$\times3+$㉡$\times4$ ④ ㉠$\times5-$㉡$\times2$
⑤ ㉠$\times5+$㉡$\times2$

03 연립방정식 $\begin{cases} 0.3x-0.4y=-0.5 \\ -\frac{1}{4}x+\frac{5}{8}y=1 \end{cases}$을 풀면? 개념9

① $x=-2,\ y=-2$ ② $x=-2,\ y=-1$
③ $x=-1,\ y=2$ ④ $x=1,\ y=2$
⑤ $x=2,\ y=-1$

04 각 자리의 숫자의 합이 12인 두 자리 자연수의 십의 자리의 숫자와 일의 자리의 숫자를 서로 바꾸면 처음 수보다 18만큼 작아진다고 한다. 이때 처음 수는? 개념10

① 57 ② 66 ③ 75
④ 84 ⑤ 91

STEP 2 실전

05 연립방정식 $\begin{cases} 2x+3y=m \\ mx+ny=6 \end{cases}$의 해가 $(-1,\ 2)$일 때, $m+n$의 값은? (단, m, n은 상수이다.) 개념7

① 4 ② 5 ③ 8
④ 9 ⑤ 10

06 다음 일차방정식 중 연립방정식 $\begin{cases} y=2x-1 \\ 3x+y=9 \end{cases}$의 해를 한 해로 갖는 것은? 개념8

다지 선택

① $x+2y=8$ ② $2x+y=8$
③ $3x-y=7$ ④ $-x+2y=4$
⑤ $3x-4y=1$

07 두 연립방정식 $\begin{cases} ax+2y=5 \\ 5x+y=-3 \end{cases}$, $\begin{cases} -x+2y=5 \\ 2x+by=4 \end{cases}$의 해가 서로 같을 때, $a+b$의 값은? (단, a, b는 상수이다.) 개념8

① -4 ② -2 ③ 2
④ 4 ⑤ 6

08 연립방정식 $\begin{cases} 0.3x+\frac{1}{5}y=\frac{2}{5} \\ 2.1x+\frac{3}{5}y=-\frac{6}{5} \end{cases}$의 해가 일차방정식 $x+ay=2$를 만족시킬 때, 상수 a의 값은? 개념9

① $-\frac{4}{5}$ ② $-\frac{2}{5}$ ③ $-\frac{1}{5}$
④ $\frac{2}{5}$ ⑤ $\frac{4}{5}$

09 연립방정식 $\begin{cases} 5x+2y=4 \\ 3ax+2by=-12 \end{cases}$의 해가 무수히 많을 때, $a+b$의 값은? (단, a, b는 상수이다.) 개념9

① -8 ② -5 ③ -3
④ 5 ⑤ 8

10 6년 전에는 아버지의 나이가 은률이의 나이의 4배였는데 4년 후에는 아버지의 나이가 은률이의 나이의 2.5배가 된다고 한다. 올해 은률이의 나이는? 개념10

① 16세 ② 17세 ③ 18세
④ 19세 ⑤ 20세

11 두 사람 A, B가 어떤 일을 하는데 A가 먼저 5일 동안 한 후 나머지를 B가 4일 동안 하면 마칠 수 있고, A가 먼저 2일 동안 한 후 나머지를 B가 7일 동안 하면 마칠 수 있다고 한다. 이 일을 A가 혼자 하면 며칠이 걸리는가? 개념10

① 7일 ② 8일 ③ 9일
④ 10일 ⑤ 11일

12 민우는 집에서 162 km 떨어진 야구 경기장까지 가는데 버스를 타고 시속 80 km로 가다가 도중에 내려서 시속 4 km로 걸었더니 총 2시간 30분이 걸렸다. 이때 민우가 버스를 타고 간 거리와 걸어간 거리의 차는? 개념10

① 2 km ② 4 km ③ 158 km
④ 160 km ⑤ 162 km

STEP 3 단답형

13 자연수 a, b에 대하여 $a*b=3a+2b$라 할 때, $(x+2)*(y+1)=20$의 해 (x, y)를 구하시오. 개념7

14 연정이가 연립방정식 $\begin{cases} ax-by=5 \\ bx+ay=-3 \end{cases}$을 푸는데 잘못하여 a와 b를 서로 바꾸어 놓고 풀었더니 해가 $x=-1$, $y=1$이 되었다. 이때 $a-b$의 값을 구하시오. (단, a, b는 상수이다.) 개념8

15 다음 방정식의 해를 $x=a$, $y=b$라 할 때, $a+b$의 값을 구하시오. 개념9

$$\frac{2x-y}{3}=\frac{3x+y}{2}=4$$

16 합금 A는 구리와 아연의 비율이 1 : 3이고, 합금 B는 구리와 아연의 비율이 2 : 1이다. 두 합금 A, B를 섞어서 구리와 아연의 비율이 4 : 3인 합금 280 g을 얻으려고 할 때, 합금 A는 몇 g을 섞으면 되는지 구하시오. 개념10

유리함 이란?

수학에서는 유리하다는 것을 어떻게 나타낼까?

우리는 기호 >, <, ≥, ≤를 사용하여 나타낸 부등식에 대하여 배웠다. 수학에서는 '유리하다'는 것을 식으로 어떻게 나타낼까?

어느 박물관의 입장료는 한 사람당 10000원이고, 40명 이상인 단체에게는 입장료를 15 % 할인해 준다고 한다. 40명 미만인 단체가 이 박물관에 입장하려고 할 때, 몇 명 이상이면 40명의 단체 입장권을 사는 것이 유리할까?

입장객 수(명)	입장료(원)	40명의 단체 입장권(원)
⋮	⋮	
31	$31\times10000=310000$	
32	$32\times10000=320000$	
33	$33\times10000=330000$	
34	$34\times10000=340000$	$40\times10000\times\left(1-\frac{15}{100}\right)$ $=340000$
35	$35\times10000=350000$	
36	$36\times10000=360000$	
37	$37\times10000=370000$	
⋮	⋮	

위의 표에서처럼 40명의 단체 입장권의 가격은

$40\times10000\times\left(1-\frac{15}{100}\right)=340000$(원)으로 일정하다.

그러면 몇 명이 입장할 때, 할인받지 않은 입장료가 34만 원인가?
그렇다. 34명이 입장할 때이다. 이 경우에는 할인받지 않고 입장료를 사든, 40명의 단체 입장권을 사든 지불해야 할 금액이 34만 원으로 같다. 따라서 어느 쪽이 더 유리하다고 할 수 없다. 간혹 단체 입장권을 사면 표가 6장이 남기 때문에 더 유리하다고 생각하는 학생들이 있는데, 박물관에 지불해야 할 입장료 외의 것은 고려 사항이 아님에 주의하자.

즉, 34명이 입장할 때에는 할인받지 않고 입장료를 내는 것과 40명의 단체 입장권을 사는 것의 비용이 같으므로 어느 것이 더 유리하다고 할 수 없고, 35명 이상일 때에는 40명의 단체 입장권을 사는 것이 유리하다.

위의 내용을 부등식으로 나타내면 입장객 수를 x명이라 할 때,

$10000x>40\times10000\times\left(1-\frac{15}{100}\right)$이다.

이때 부등호 > 대신 ≥를 사용하여 $10000x\geq40\times10000\times\left(1-\frac{15}{100}\right)$와 같이 나타내면 안 된다는 것에 주의하자.

농도에 대한 문제의 또 다른 해결법!

섞은 물의 농도를 비례배분을 이용하여 구할 수 있을까?

이 단원에서는 (소금물의 농도)$=\dfrac{(\text{소금의 양})}{(\text{소금물의 양})}\times 100(\%)$임을 이용하여 여러 가지 계산을 해 보았다.
소금물의 농도를 초등학교 때 배운 비례배분을 이용하여 구할 수 있을까?

농도가 10 %인 소금물 100 g과 농도가 20 %인 소금물 100 g을 섞으면 농도가 몇 %인 소금물이 되는지 구해 보자.

먼저 농도의 뜻을 이용하여 구해 보자.
농도가 10 %인 소금물 100 g에 들어 있는 소금의 양은 $\dfrac{10}{100}\times 100=10(\text{g})$
농도가 20 %인 소금물 100 g에 들어 있는 소금의 양은 $\dfrac{20}{100}\times 100=20(\text{g})$
이때 두 소금물을 섞은 후의 소금의 양은 $10+20=30(\text{g})$이고, 소금물의 양은 $100+100=200(\text{g})$이므로 구하는 소금물의 농도는
$\dfrac{30}{200}\times 100=15(\%)$이다.

이제 비례배분을 이용하여 구해 보자.
섞은 두 소금물의 양이 서로 같으므로 구하는 농도는 섞은 두 소금물의 농도 10 %, 20 %의 가운데 값인 15 %가 된다.
이것은 농도의 뜻을 이용하여 구한 것과 결과가 같다.

양이 다른 두 소금물을 섞을 때에도 비례배분을 이용할 수 있을까?

농도가 10 %인 소금물 200 g과 농도가 20 %인 소금물 300 g을 섞으면 농도가 몇 %인 소금물이 되는지 비례배분을 이용하여 구해 보자.

섞은 후의 소금물은 농도가 15 %인 소금물보다 더 짤까? 더 싱거울까?
농도가 20 %인 소금물을 농도가 10 %인 소금물보다 더 많이 섞었기 때문에 더 짤 것이다.

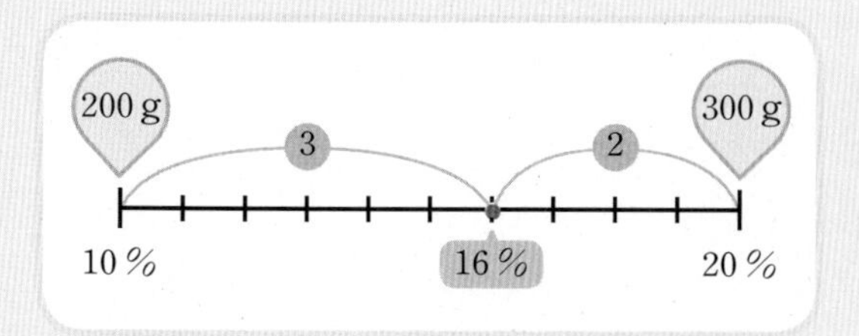

그럼 얼마나 더 짤까?
섞은 두 소금물의 양의 비가 2 : 3이므로 구하는 농도는 10 %와 20 %를 3 : 2로 나눈 값이 된다.
즉, 10 %와 20 % 사이를 10칸으로 생각하여 3 : 2로 비례배분하면 16 %가 구하는 농도가 된다.

정답과 해설 30쪽

대단원 핵심 한눈에 보기

01 부등식의 뜻과 성질

(1) 부등식: 부등호 >, <, ≥, ≤를 사용하여 수 또는 식 사이의 ☐ 관계를 나타낸 식

(2) 부등식의 성질: $a>b$일 때

① $a+c>b+c$, $a-c>b-c$

② $c>0$이면 $ac>bc$, $\frac{a}{c}>\frac{b}{c}$

③ $c<0$이면 ac ☐ bc, $\frac{a}{c}$ ☐ $\frac{b}{c}$

02 일차부등식의 풀이

(1) 일차부등식: 부등식의 모든 항을 ☐으로 이항하여 정리한 식이 (일차식)>0, (일차식)<0, (일차식)≥ 0, (일차식)≤ 0 중 어느 하나의 꼴로 나타나는 부등식

(2) 일차부등식의 풀이: x를 포함한 항은 좌변으로, ☐은 우변으로 이항하여 $ax>b$, $ax<b$, $ax\geq b$, $ax\leq b$ $(a\neq 0)$ 중 어느 하나의 꼴로 나타낸 후 양변을 x의 계수 ☐로 나누어 부등식의 해를 구한다.

(3) 복잡한 일차부등식의 풀이

① 괄호가 있는 경우: 분배법칙을 이용하여 괄호를 풀어 동류항끼리 간단히 한 후 푼다.

② 계수가 소수인 경우: 양변에 10, 100, 1000, … 중 적당한 수를 곱하여 계수를 정수로 바꾸어 푼다.

③ 계수가 분수인 경우: 양변에 분모의 ☐를 곱하여 계수를 정수로 바꾸어 푼다.

03 연립일차방정식과 그 해

(1) 미지수가 2개인 일차방정식: 미지수가 2개이고, 그 차수가 모두 1인 방정식

(2) 미지수가 2개인 일차방정식의 해: 미지수가 2개인 일차방정식을 ☐이 되게 하는 x, y의 값 또는 그 순서쌍 (x, y)

(3) 미지수가 2개인 연립일차방정식: 미지수가 2개인 일차방정식 두 개를 한 쌍으로 묶어 나타낸 것

(4) 연립방정식의 해: 연립방정식의 두 일차방정식을 동시에 만족시키는 x, y의 값 또는 그 ☐ (x, y)

04 연립일차방정식의 풀이

(1) 가감법: 없애려는 미지수의 계수의 절댓값이 같아지도록 각 방정식의 양변에 적당한 수를 곱한 후 두 식을 변끼리 더하거나 빼어서 연립방정식을 푼다.

(2) 대입법: 한 방정식을 $x=(y$에 대한 식$)$ 또는 $y=(x$에 대한 식$)$ 꼴로 나타낸 후 다른 방정식에 ☐하여 연립방정식을 푼다.

(3) 여러 가지 연립방정식의 풀이

① 괄호가 있는 경우: 분배법칙을 이용하여 괄호를 풀어 동류항끼리 간단히 한 후 푼다.

② 계수가 ☐인 경우: 양변에 10, 100, 1000, … 중 적당한 수를 곱하여 계수를 정수로 바꾸어 푼다.

③ 계수가 ☐인 경우: 양변에 분모의 최소공배수를 곱하여 계수를 정수로 바꾸어 푼다.

④ $A=B=C$ 꼴의 방정식은 $\begin{cases} A=B \\ A=C \end{cases}$ 또는 $\begin{cases} A=B \\ B=C \end{cases}$ 또는 $\begin{cases} A=C \\ B=C \end{cases}$ 중의 어느 하나로 바꾸어 푼다.

IV 일차함수

개념 01 함수의 뜻과 함숫값

(1) **함수**: 두 변수 x, y에 대하여 x의 값이 하나 정해짐에 따라 y의 값이 오직 (가) 씩 정해지는 관계가 있을 때, y는 x의 함수라 하고, 기호로 $y=f(x)$와 같이 나타낸다.

예 한 개에 200원인 사탕 x개의 가격을 y원이라 하면 x의 값에 따른 y의 값은 다음과 같다.

x(개)	1	2	3	4	5	…
y(원)	200	400	600	800	1000	…

따라서 x의 값이 하나 정해짐에 따라 y의 값이 오직 하나씩 정해지므로 y는 x의 함수이다.

참고 함수를 나타내는 기호 f는 함수를 뜻하는 영어 단어 function의 첫 알파벳을 기호화한 것이다.

(2) **함숫값**: 함수 $y=f(x)$에서 x의 값에 따라 하나씩 정해지는 (나) 의 값 $f(x)$를 x에 대한 함숫값이라 한다.

예 함수 $f(x)=2x$에서 $x=3$일 때의 함숫값은 $f(3)=2\times3=6$

참고 함수 $y=f(x)$에 대하여 함숫값 $f(a)$ ➡ $x=a$에서의 함숫값
➡ $x=a$일 때의 y의 값
➡ $f(x)$에 x 대신 a를 대입하여 얻은 값

(3) **함수의 그래프**: 함수 $y=f(x)$에서 x의 값과 그 값에 따라 정해지는 y의 값의 순서쌍 (x, y)를 좌표로 하는 점 전체를 좌표평면 위에 나타낸 것을 그 함수의 그래프라 한다.

Hint 하나, 둘, 여러 개, x, y, z

확인 1 다음 표를 완성하고, y가 x에 대한 함수인 것은 ○표, 함수가 아닌 것은 ×표를 하시오.

(1) 자연수 x보다 3만큼 큰 수 y

x	1	2	3	4	…
y					…

(2) 자연수 x의 배수 y

x	1	2	3	4	…
y					…

확인 2 함수 $f(x)=-3x$에 대하여 다음 함숫값을 구하시오.

(1) $f(1)$

(2) $f(4)$

(3) $f(-2)$

(4) $f\left(-\frac{1}{3}\right)$

정답과 해설 31쪽

기본 01-1
O|X

y가 x에 정비례하거나 반비례할 때, y는 x에 대한 함수이다. (○, ×)

응용 01-2

함수 $f(x)=\frac{1}{2}x$에 대하여 $f(-6)+f(8)$의 값은?

① -7 ② -1 ③ 0
④ 1 ⑤ 7

확장 01-3

함수 $f(x)=ax+4$에 대하여 $f(-3)=1$, $f(2)=b$일 때, $a+b$의 값은? (단, a는 상수이다.)

① -7 ② -4 ③ 1
④ 4 ⑤ 7

개념

02 일차함수의 뜻과 그래프

(1) **일차함수**: 함수 $y=f(x)$에서 y가 x에 대한 일차식 $y=$ (가) $(a\neq0)$로 나타내어질 때, 이 함수를 x에 대한 일차함수라 한다.

예 $y=2x$, $y=3x-1$은 일차함수이다.

(2) (나) : 한 도형을 일정한 방향으로 일정한 거리만큼 옮기는 것

(3) **일차함수 $y=ax+b(a\neq0)$의 그래프**: 일차함수 $y=ax+b$의 그래프는 일차함수 $y=ax$의 그래프를 y축의 방향으로 (다) 만큼 평행이동한 것이다.

참고 일차함수 $y=ax$의 그래프는

(1) $a>0$이면 오른쪽 위로 향하는 직선이다.

(2) $a<0$이면 오른쪽 아래로 향하는 직선이다.

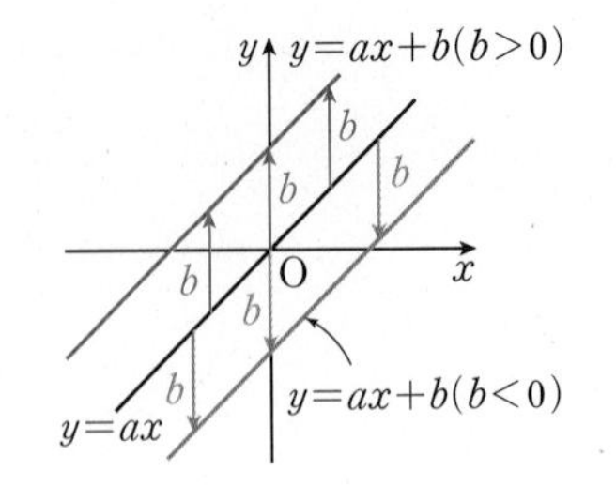

Hint $ax+b$, ax^2+bx+c, 대칭이동, 평행이동, a, b, x, y

확인 3 다음 중 y가 x에 대한 일차함수인 것은 ○표, 일차함수가 아닌 것은 ×표를 하시오.

(1) $y=\frac{1}{x}+2$

(2) $y=3x-5$

(3) $7x-2y-1=0$

(4) $y=2x(x-4)$

확인 4 다음 일차함수의 그래프를 y축의 방향으로 [ ] 안의 수만큼 평행이동한 직선을 그래프로 하는 일차함수의 식을 구하시오.

(1) $y=x$ [3]

(2) $y=4x$ [-2]

(3) $y=-6x$ [1]

(4) $y=-\frac{2}{3}x$ [-5]

O|X

일차함수 $y=ax+b$의 그래프는 일차함수 $y=ax$의 그래프를 x축의 방향으로 b만큼 평행이동한 것이다. (○, ×)

응용 02-2
다지 선택

다음 일차함수의 그래프 중 일차함수 $y=2x+9$의 그래프를 평행이동하면 겹쳐지는 것은?

① $y=-2x-9$ ② $y=-\frac{1}{2}x+9$ ③ $y=2x-\frac{1}{9}$
④ $y=2x$ ⑤ $y=9x+2$

일차함수 $y=6x-3$의 그래프를 y축의 방향으로 5만큼 평행이동한 그래프가 점 $(a,\ 4)$를 지날 때, a의 값은?

① $\frac{1}{6}$ ② $\frac{1}{3}$ ③ $\frac{1}{2}$
④ 3 ⑤ 6

개념 01, 02 마무리

01 다지 선택

다음 중 y가 x에 대한 함수가 아닌 것은?

① 자연수 x의 약수의 개수 y
② 자연수 x보다 작은 자연수 y
③ 자연수 x와 서로소인 자연수 y
④ 시속 60 km로 x km를 가는 데 걸린 시간 y시간
⑤ 가로의 길이가 x cm, 세로의 길이가 5 cm인 직사각형의 넓이 y cm^2

함수: 두 변수 x, y에 대하여 x의 값이 하나 정해짐에 따라 y의 값이 오직 하나씩 정해지는 관계가 있을 때, y는 x의 □라 하며 기호로 $y=f(x)$와 같이 나타낸다.

Hint 방정식, 부등식, 함수

02

함수 $f(x)=-8x+3$에 대하여 $f\left(\frac{1}{4}\right)=a$, $f(a)=b$일 때, $f(b)$의 값은?

① -37　② -27　③ -21
④ 33　⑤ 43

(1) **함숫값**: 함수 $y=f(x)$에서 x의 값에 따라 하나씩 정해지는 y의 값 $f(x)$를 x에 대한 함숫값이라 한다.
(2) 함수 $y=f(x)$에 대하여
함숫값 $f(a)$ ➡ $x=$□에서의 함숫값
➡ $x=$□일 때의 y의 값
➡ $f(x)$에 x 대신 □를 대입하여 얻은 값

Hint a, b, x, y

정답과 해설 31쪽

03
다지 선택

다음 중 일차함수 $y=\frac{2}{5}x-1$의 그래프에 대한 설명으로 옳은 것은?

① 점 $(0,\ -1)$을 지난다.
② 제1, 2, 3사분면을 지난다.
③ 오른쪽 위로 향하는 직선이다.
④ x의 값이 증가하면 y의 값은 감소한다.
⑤ 일차함수 $y=\frac{2}{5}x$의 그래프를 y축의 방향으로 -1만큼 평행이동한 것이다.

일차함수: 함수 $y=f(x)$에서 y가 x에 대한 일차식 $y=ax+b(a\neq\square)$로 나타내어질 때, 이 함수를 x에 대한 일차함수라 한다.

Hint 0, 1, 2

04
단답형

일차함수 $y=-\frac{1}{3}x-2$의 그래프는 일차함수 $y=ax+\frac{1}{3}$의 그래프를 y축의 방향으로 b만큼 평행이동한 것이다. 이때 $a+b$의 값을 구하시오. (단, a는 상수이다.)

일차함수 $y=ax+b$의 그래프: 일차함수 $y=ax+b$의 그래프는 일차함수 $y=ax$의 그래프를 $\square$축의 방향으로 $\square$만큼 평행이동한 것이다.

Hint a, b, c, x, y, z

개념

03 일차함수의 그래프의 x절편, y절편

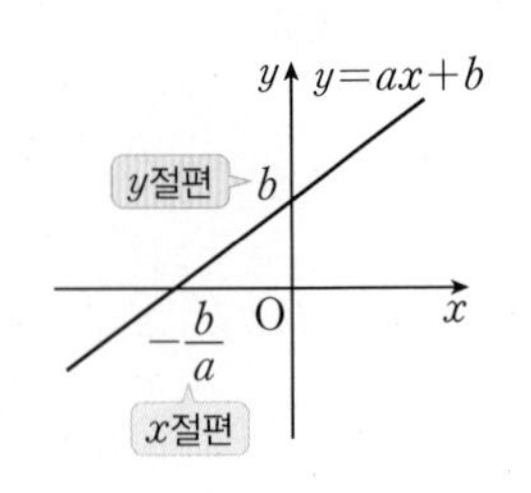

(1) **x절편**: 일차함수의 그래프가 x축과 만나는 점의 x좌표
➲ $y=0$일 때의 x의 값

(2) **y절편**: 일차함수의 그래프가 y축과 만나는 점의 y좌표
➲ $x=0$일 때의 y의 값

참고 일차함수 $y=ax+b$의 그래프에서 x절편은 $-\frac{b}{a}$, y절편은 (가) 이다.

(3) **x절편, y절편을 이용하여 일차함수의 그래프 그리기**
❶ x절편, y절편을 구한다.
❷ 좌표평면 위에 두 점 (x절편, 0), (0, (나))을 나타낸다.
❸ 두 점을 직선으로 연결한다.

Hint a, b, $\frac{a}{b}$, $-\frac{a}{b}$, x절편, y절편, 0

확인 5 다음 일차함수의 그래프의 x절편과 y절편을 구하시오.

(1) $y=x-3$
(2) $y=5x+1$
(3) $y=\frac{1}{2}x-4$
(4) $y=-\frac{2}{3}x-\frac{1}{3}$

확인 6 다음 일차함수의 그래프의 x절편과 y절편을 구하고, 이를 이용하여 그래프를 좌표평면 위에 나타내시오.

(1) $y=x+2$
➡ x절편: ____________
y절편: ____________

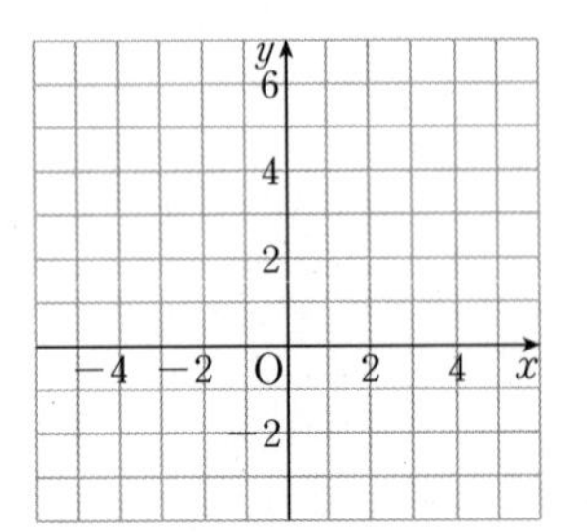

(2) $y=-\frac{1}{3}x+1$
➡ x절편: ____________
y절편: ____________

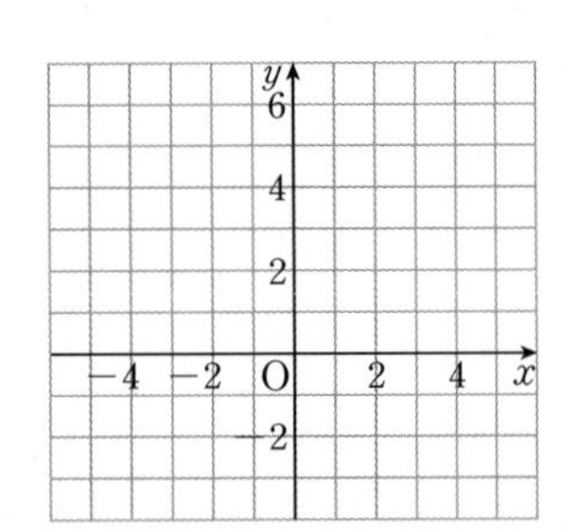

기본 03-1

O|X

일차함수 $y=ax+b$의 그래프의 x절편은 $x=0$일 때의 y의 값이므로 b이다. (○, ×)

응용 03-2

다지 선택

다음 일차함수의 그래프 중 일차함수 $y=-\frac{3}{4}x-2$의 그래프와 x절편이 같은 것은?

① $y=-16x+6$ ② $y=-\frac{8}{3}x-1$ ③ $y=\frac{1}{2}x+\frac{4}{3}$

④ $y=\frac{1}{4}x+\frac{2}{3}$ ⑤ $y=3x-8$

확장 03-3

일차함수 $y=2x+a$의 그래프를 y축의 방향으로 -1만큼 평행이동하였더니 x절편이 $2a$가 되었다. 이때 일차함수 $y=2x+a$의 그래프의 y절편은? (단, a는 상수이다.)

① -5 ② $-\frac{1}{5}$ ③ 0

④ $\frac{1}{5}$ ⑤ 5

개념 04 일차함수의 그래프의 기울기

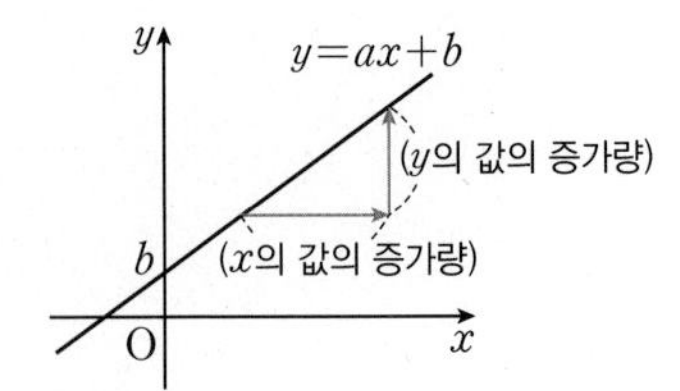

(1) 일차함수의 그래프의 기울기: 일차함수 $y=ax+b$에서 x의 값의 증가량에 대한 y의 값의 증가량의 비율은 항상 일정하며, 그 비율은 x의 계수와 같다. 이 증가량의 비율 a를 일차함수 $y=ax+b$의 그래프의 기울기라 한다.

➡ (기울기)$=\dfrac{(y\text{의 값의 증가량})}{(x\text{의 값의 증가량})}=$ (가)

(2) 기울기와 y절편을 이용하여 일차함수의 그래프 그리기

❶ y절편을 이용하여 y축과 만나는 점을 좌표평면 위에 나타낸다.

❷ 기울기를 이용하여 그래프가 지나는 다른 한 점을 찾는다.

❸ 두 점을 (나) 으로 연결한다.

Hint a, $-a$, b, $-b$, 점선, 선분, 직선

확인 7 다음 두 점을 지나는 일차함수의 그래프의 기울기를 구하시오.

(1) $(0,\ 5)$, $(3,\ 2)$

(2) $(2,\ -2)$, $(4,\ 4)$

(3) $(-1,\ -4)$, $(1,\ -8)$

(4) $(6,\ -7)$, $(-3,\ -4)$

확인 8 다음 일차함수의 그래프의 기울기와 y절편을 구하고, 이를 이용하여 그래프를 좌표평면 위에 나타내시오.

(1) $y=2x+2$

➡ 기울기: ______________

y절편: ______________

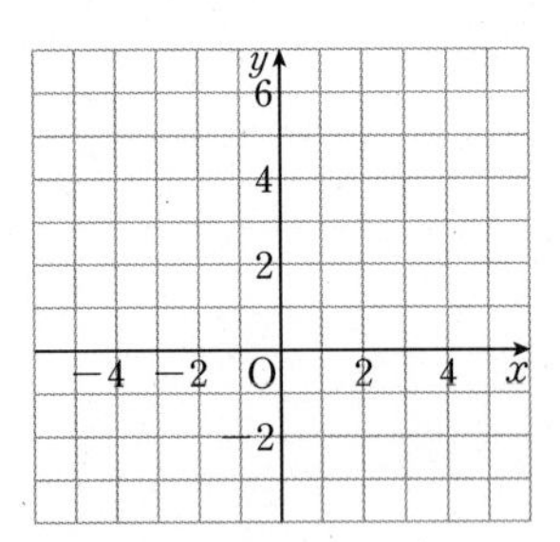

(2) $y=-\dfrac{4}{3}x+4$

➡ 기울기: ______________

y절편: ______________

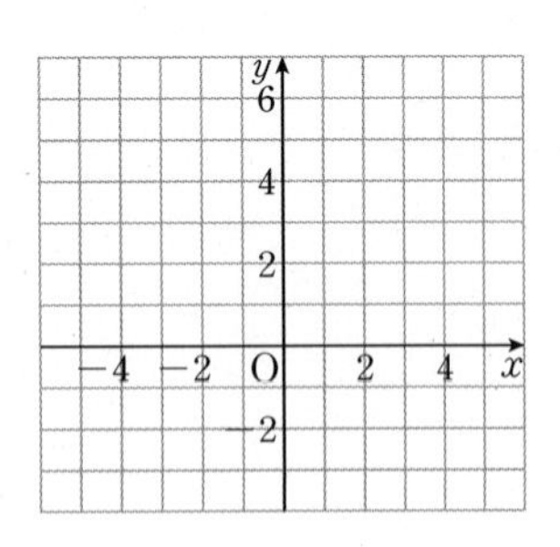

O|X

일차함수 $y=ax+b$의 그래프의 기울기는 $-\frac{b}{a}$이고, y절편은 b이다. (○, ×)

응용 04-2

일차함수 $y=-\frac{5}{2}x-1$의 그래프에서 x의 값이 -2에서 2까지 증가할 때, y의 값의 증가량은?

① -10 ② -6 ③ -5
④ 5 ⑤ 10

세 점 A$(-3, 5)$, B$(3, 2)$, C(a, b)가 한 직선 위에 있을 때, $a+2b$의 값은?

① -10 ② -2 ③ $-\frac{1}{2}$
④ 5 ⑤ 7

개념 05 일차함수의 그래프의 성질

(1) 일차함수 $y=ax+b$의 그래프의 성질

① a의 부호: 그래프의 모양 결정

- $a>0$일 때, x의 값이 증가하면 y의 값도 [(가)]한다.
  ➡ 오른쪽 위로 향하는 직선이다.
- $a<0$일 때, x의 값이 증가하면 y의 값은 [(나)]한다.
  ➡ 오른쪽 아래로 향하는 직선이다.

② b의 부호: 그래프가 y축과 만나는 점의 위치 결정

- $b>0$일 때, y축과 x축의 위쪽에서 만난다.
  ➡ y절편이 양수이다.
- $b<0$일 때, y축과 x축의 아래쪽에서 만난다.
  ➡ y절편이 음수이다.

$a>0$ y $b>0$ $b<0$ O x

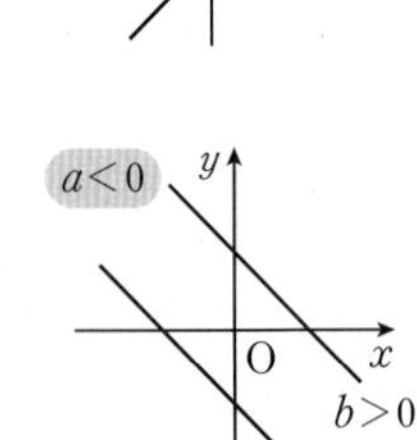

(2) 두 일차함수의 그래프의 평행과 일치

① 기울기가 같은 두 일차함수의 그래프는 서로 평행하거나 일치한다.

- 기울기가 같고, y절편이 다르면 두 그래프는 서로 [(다)]하다.
- 기울기가 같고, y절편도 같으면 두 그래프는 서로 [(라)]한다.

② 서로 평행한 두 일차함수의 그래프의 기울기는 서로 같다.

Hint 증가, 감소, 확대, 축소, 수직, 평행, 일치

확인 9 일차함수 $y=ax+b$의 그래프가 다음 그림과 같을 때, 상수 a, b의 부호를 정하시오.

(1)

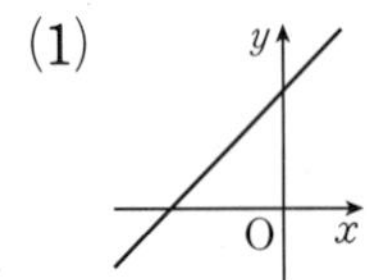

(2)

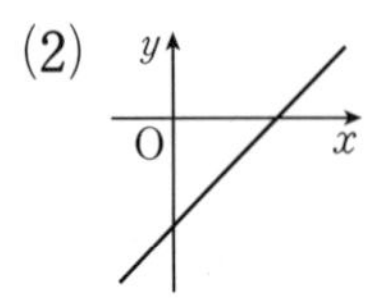

(3)

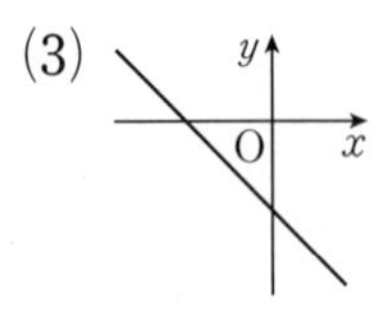

확인 10 다음 <보기>의 일차함수의 그래프에 대하여 물음에 답하시오.

보기

ㄱ. $y=2x+5$	ㄴ. $y=-5x+1$	ㄷ. $y=1-2x$
ㄹ. $y=1-5x$	ㅁ. $y=5x+5$	ㅂ. $y=2x-7$

(1) 서로 평행한 것끼리 짝 지으시오.

(2) 서로 일치하는 것끼리 짝 지으시오.

정답과 해설 34쪽

기본 05-1
O|X

$a<0$, $b>0$일 때, 일차함수 $y=ax+b$의 그래프는 제 1, 3, 4사분면을 지난다. (단, a, b는 상수이다.) (○, ×)

응용 05-2
다지 선택

일차함수 $y=ax-b$의 그래프가 오른쪽 그림과 같을 때, 다음 중 옳은 것은?
(단, a, b는 상수이다.)

① $a>0$ ② $b<0$
③ $a+b>0$ ④ $a-b<0$
⑤ $-ab<0$

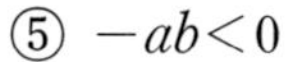

확장 05-3
다지 선택

두 일차함수 $y=-6x+7$, $y=ax+b$의 그래프가 서로 평행할 때, 다음 중 상수 a, b의 값이 될 수 있는 것은?

① $a=-6$, $b=-7$ ② $a=-6$, $b=6$ ③ $a=-6$, $b=7$
④ $a=6$, $b=-7$ ⑤ $a=6$, $b=7$

개념 03, 04, 05 마무리

01

일차함수 $y=\frac{7}{2}x+4$의 그래프를 y축의 방향으로 -2만큼 평행이동한 그래프의 x절편을 a, y절편을 b라 할 때, $a+b$의 값은?

① $-\frac{10}{7}$　② $-\frac{4}{7}$　③ $\frac{4}{7}$
④ $\frac{10}{7}$　⑤ $\frac{11}{7}$

TIP

(1) x**절편**: 일차함수 $y=ax+b$의 그래프가 x축과 만나는 점의 x좌표
➡ $y=0$일 때의 x의 값, 즉 □

(2) y**절편**: 일차함수 $y=ax+b$의 그래프가 y축과 만나는 점의 y좌표
➡ $x=0$일 때의 y의 값, 즉 □

Hint a, b, $\frac{b}{a}$, $-\frac{b}{a}$, $\frac{a}{b}$, $-\frac{a}{b}$

02

두 점 $(-3,\ -k)$, $(1,\ 5)$를 지나는 일차함수의 그래프의 기울기가 2일 때, k의 값은?

① -8　② -5　③ 3
④ 5　⑤ 8

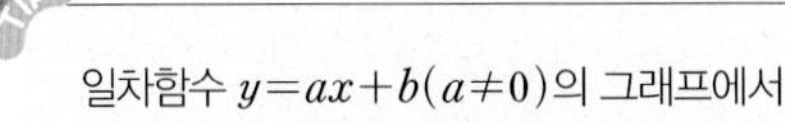

TIP

일차함수 $y=ax+b(a\neq0)$의 그래프에서

(기울기)$=\frac{(□\text{의 값의 증가량})}{(□\text{의 값의 증가량})}=$□

Hint a, b, x, y

정답과 해설 35쪽

03

일차함수 $y=(a-b)x+ab$의 그래프가 제2, 3, 4사분면을 지날 때, 다음 중 일차함수 $y=ax-b$의 그래프의 개형은? (단, a, b는 상수이다.)

①
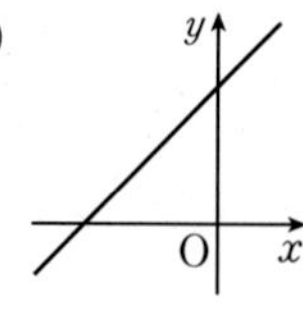

②
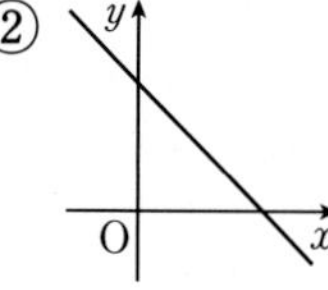

③
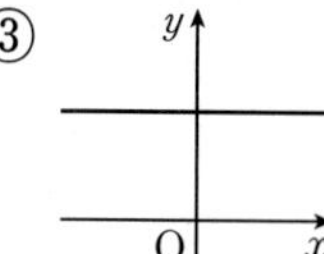

④

⑤
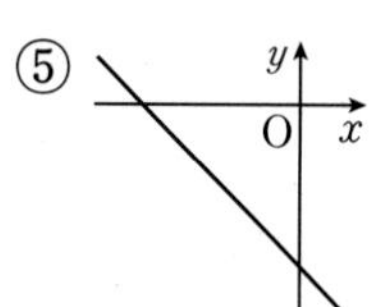

TIP

일차함수 $y=ax+b$의 그래프에서

(1) **a의 부호**: 그래프의 모양 결정

① ☐일 때, 오른쪽 위로 향하는 직선이다.

② ☐일 때, 오른쪽 아래로 향하는 직선이다.

(2) **b의 부호**: 그래프가 y축과 만나는 점의 위치 결정

① ☐일 때, y축과 x축의 위쪽에서 만난다.

② ☐일 때, y축과 x축의 아래쪽에서 만난다.

Hint $a>0$, $a=0$, $a<0$, $b>0$, $b=0$, $b<0$

04

단답형

오른쪽 그림과 같은 두 일차함수의 그래프가 서로 평행할 때, a의 값을 구하시오.

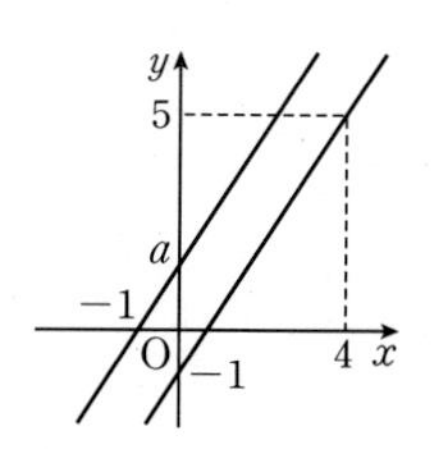

TIP

(1) 기울기가 같고, y절편이 ☐ 두 그래프는 서로 평행하다.

(2) 기울기가 같고, y절편도 ☐ 두 그래프는 서로 일치한다.

Hint 크면, 작으면, 다르면, 같으면

중단원 마무리

STEP 1 기본

개념1

01 함수 $f(x)=-\frac{1}{3}x$에 대하여 $f(3)+f(-9)$의 값은?

① -4 ② -2 ③ -1
④ 2 ⑤ 4

개념2

02 다음 중 y가 x에 대한 일차함수인 것은?

다지 선택

① $y=3-x$ ② $y=-\frac{x}{5}+4$
③ $xy=12$ ④ $8y=x+1$
⑤ $y=x(x+2)-11$

개념4

03 다음 일차함수의 그래프 중 x의 값이 증가할 때, y의 값은 감소하는 것은?

다지 선택

① $y=-2x$ ② $y=\frac{7}{3}x$
③ $y=-\frac{1}{4}x+2$ ④ $y=\frac{2}{5}x-1$
⑤ $y=6x+9$

개념5

04 다음 일차함수의 그래프 중 일차함수 $y=-\frac{1}{2}x+3$의 그래프와 평행한 것은?

다지 선택

① $y=-2x-3$ ② $y=-x+3$
③ $y=-\frac{1}{2}x-3$ ④ $y=\frac{1}{2}-x$
⑤ $y=2-\frac{1}{2}x$

STEP 2 실전

개념1

05 다음 중 y가 x에 대한 함수가 아닌 것은?

다지 선택

① 자연수 x보다 작은 합성수 y
② x시간 학습했을 때의 수학 점수 y점
③ 밑변의 길이가 3 cm, 높이가 x cm인 평행사변형의 넓이 $y\,\text{cm}^2$
④ 소금이 x g 들어 있는 소금물 200 g의 농도 y %
⑤ 독서 동아리의 학생 수가 x명일 때, 독서 동아리에서 취미가 독서인 학생 수 y명

개념2

06 일차함수 $y=-3x+a-2$의 그래프를 y축의 방향으로 -4만큼 평행이동하면 일차함수 $y=bx$의 그래프와 겹쳐진다. 이때 $a+b$의 값은? (단, a, b는 상수이다.)

① -9 ② -3 ③ 0
④ 3 ⑤ 9

개념2

07 일차함수 $y=ax-5$의 그래프가 두 점 $(-3,\ -4)$, $(b,\ 1)$을 지날 때, ab의 값은? (단, a는 상수이다.)

① -15 ② -3 ③ 6
④ 12 ⑤ 18

개념3

08 일차함수 $y=-2x+12$의 그래프의 x절편과 일차함수 $y=-\frac{3}{5}x+a$의 그래프의 y절편이 서로 같을 때, 상수 a의 값은?

① -5 ② -4 ③ 2
④ 3 ⑤ 6

개념4

09 일차함수 $f(x)=ax+b$의 그래프에서 y절편이 $\frac{3}{5}$이고 $\frac{f(6)-f(2)}{6-2}=\frac{1}{5}$일 때, $a+b$의 값은?

(단, a, b는 상수이다.)

① $-\frac{4}{5}$ ② $-\frac{2}{5}$ ③ $-\frac{1}{5}$
④ $\frac{2}{5}$ ⑤ $\frac{4}{5}$

개념4

10 세 점 A$(-1,\ 4)$, B$(2,\ -2)$, C$(k,\ k+4)$가 한 직선 위에 있을 때, k의 값은?

① -1 ② $-\frac{2}{3}$ ③ $-\frac{1}{3}$
④ $\frac{1}{5}$ ⑤ $\frac{2}{5}$

개념5

11 다지선택 점 $(-ab,\ a+b)$가 제2사분면 위에 있을 때, 다음 중 일차함수 $y=\frac{b}{a}x-a$의 그래프가 지나는 사분면인 것은?

① 제1사분면 ② 제2사분면
③ 제3사분면 ④ 제4사분면
⑤ 알 수 없다.

개념5

12 다지선택 다음 일차함수 중 그래프가 일차함수 $y=1-6x$의 그래프와 일치하는 것은?

① $y=x-6$ ② $y=-6x+1$
③ $y=2(1-3x)$ ④ $y=6(1-x)$
⑤ $y=-6\left(x-\frac{1}{6}\right)$

STEP 3 단답형

개념2

13 함수 $y=-2x(ax+1)+bx-3$이 x에 대한 일차함수가 되기 위한 a, b의 조건을 구하시오.

개념3

14 일차함수 $y=ax+4$의 그래프와 x축, y축으로 둘러싸인 도형의 넓이가 16일 때, 양수 a의 값을 구하시오. (단, a는 상수이다.)

개념5

15 일차함수 $y=(5k+1)x+k^2$의 그래프가 제4사분면을 지나지 않기 위한 상수 k의 값의 범위를 구하시오.

개념5

16 두 점 $(-2,\ a-3)$, $(2,\ 3a+9)$를 지나는 일차함수의 그래프가 일차함수 $y=5x-1$의 그래프와 서로 평행할 때, a의 값을 구하시오.

개념 06 일차함수의 식 구하기 (1)

(1) 기울기와 y절편을 알 때, 일차함수의 식 구하기

기울기가 a이고, y절편이 b인 직선을 그래프로 하는 일차함수의 식은 $y=$ (가) 이다.

예) 기울기가 2이고, y절편이 1인 직선을 그래프로 하는 일차함수의 식은 $y=2x+1$이다.

(2) 기울기와 한 점의 좌표를 알 때, 일차함수의 식 구하기

기울기가 a이고, 점 (x_1, y_1)을 지나는 직선을 그래프로 하는 일차함수의 식은 다음과 같이 구한다.

❶ 기울기가 a이므로 구하는 일차함수의 식을 $y=ax+b$로 놓는다.

❷ $y=ax+b$에 $x=x_1$, $y=y_1$을 대입하여 (나) 의 값을 구한다.

예) 기울기가 -1이고, 점 $(2, 1)$을 지나는 직선을 그래프로 하는 일차함수의 식은 다음과 같이 구한다.

❶ 기울기가 -1이므로 구하는 일차함수의 식을 $y=-x+b$로 놓는다.

❷ 직선이 점 $(2, 1)$을 지나므로 $y=-x+b$에 $x=2$, $y=1$을 대입하면

$1=-2+b \qquad \therefore b=3$

따라서 구하는 일차함수의 식은 $y=-x+3$이다.

Hint $x+a$, $ax+b$, a, b, x, y

확인 11 다음과 같은 직선을 그래프로 하는 일차함수의 식을 구하시오.

(1) 기울기가 3이고, y절편이 -2인 직선

(2) 기울기가 -4이고, y절편이 -1인 직선

(3) 직선 $y=\frac{1}{5}x-\frac{6}{5}$과 평행하고, y절편이 $\frac{1}{2}$인 직선

확인 12 다음과 같은 직선을 그래프로 하는 일차함수의 식을 구하시오.

(1) 기울기가 2이고, 점 $(1, 3)$을 지나는 직선

(2) 기울기가 4이고, 점 $(-1, 2)$를 지나는 직선

(3) 직선 $y=\frac{3}{2}x-7$과 평행하고, 점 $(2, -4)$를 지나는 직선

O|X

기울기가 $\frac{1}{2}$이고, y절편이 $-\frac{1}{3}$인 직선을 그래프로 하는 일차함수의 식은 $y=\frac{1}{2}x+\frac{1}{3}$이다. (○, ×)

응용 06-2

x의 값이 3만큼 증가할 때 y의 값은 6만큼 감소하고, y절편이 4인 직선을 그래프로 하는 일차함수의 식은?

① $y=-2x-4$ ② $y=-2x+4$ ③ $y=-x+4$
④ $y=2x-4$ ⑤ $y=2x+4$

일차함수 $y=-\frac{2}{5}x+\frac{8}{5}$의 그래프와 평행하고, 점 $(10,\ -2)$를 지나는 직선이 점 $(a,\ a+3)$을 지날 때, a의 값은?

① $-\frac{5}{7}$ ② $-\frac{3}{7}$ ③ $-\frac{1}{7}$
④ $\frac{3}{7}$ ⑤ $\frac{5}{7}$

07 일차함수의 식 구하기 (2)

(1) 서로 다른 두 점의 좌표를 알 때, 일차함수의 식 구하기

서로 다른 두 점 (x_1, y_1), (x_2, y_2)를 지나는 직선을 그래프로 하는 일차함수의 식은 다음과 같이 구한다.

❶ 일차함수의 식을 $y=ax+b$로 놓고, 두 점을 지나는 직선의 기울기 (가)를 구한다.

➡ $a=\dfrac{y_2-y_1}{x_2-x_1}=\dfrac{y_1-y_2}{x_1-x_2}$

❷ $y=ax+b$에 두 점 (x_1, y_1), (x_2, y_2) 중 한 점의 좌표를 대입하여 b의 값을 구한다.

예 두 점 $(1, 2)$, $(2, 5)$를 지나는 직선을 그래프로 하는 일차함수의 식은 다음과 같이 구한다.

❶ 두 점 $(1, 2)$, $(2, 5)$를 지나는 직선의 기울기는 $\dfrac{5-2}{2-1}=3$

❷ 구하는 일차함수의 식을 $y=3x+b$로 놓으면 직선이 점 $(1, 2)$를 지나므로
$y=3x+b$에 $x=1$, $y=2$를 대입하면
$2=3+b \quad \therefore b=-1$
따라서 구하는 일차함수의 식은 $y=3x-1$이다.

(2) x절편과 y절편을 알 때, 일차함수의 식 구하기

x절편이 m이고, y절편이 n인 직선을 그래프로 하는 일차함수의 식은 다음과 같이 구한다.

❶ 두 점 $(m, 0)$, $(0, n)$을 이용하여 (기울기)$=\dfrac{n-0}{0-m}=-\dfrac{n}{m}$을 구한다.

❷ y절편이 n이므로 구하는 일차함수의 식은 $y=$ (나) $x+$ (다) 이다.

Hint a, b, $\dfrac{n}{m}$, $\dfrac{m}{n}$, $-\dfrac{n}{m}$, $-\dfrac{m}{n}$, m, n

확인 13 다음과 같은 직선을 그래프로 하는 일차함수의 식을 구하시오.

(1) 두 점 $(3, 2)$, $(10, -5)$를 지나는 직선

(2) 두 점 $(-1, -1)$, $(4, 9)$를 지나는 직선

확인 14 다음과 같은 직선을 그래프로 하는 일차함수의 식을 구하시오.

(1) x절편이 2, y절편이 -6인 직선

(2) x절편이 -4, y절편이 -2인 직선

기본 **07-1** O|X

두 점 (x_1, y_1), (x_2, y_2)를 지나는 일차함수 $y=f(x)$의 그래프의 기울기는

$\frac{(y\text{의 값의 증가량})}{(x\text{의 값의 증가량})}=\frac{y_2-y_1}{x_2-x_1}=\frac{y_1-y_2}{x_1-x_2}=\frac{f(x_2)-f(x_1)}{x_2-x_1}=\frac{f(x_1)-f(x_2)}{x_1-x_2}$이다. (○, ×)

응용 **07-2** 다지 선택

다음 중 두 점 $(-3, -11)$, $(6, -2)$를 지나는 직선 위의 점인 것은?

① $(-1, -9)$ ② $\left(-\frac{1}{2}, -\frac{15}{2}\right)$ ③ $\left(\frac{3}{2}, -\frac{13}{2}\right)$

④ $(4, -4)$ ⑤ $(7, 1)$

확장 **07-3**

오른쪽 그림과 같은 직선을 그래프로 하는 일차함수의 식을 $y=ax+b$라 할 때, $a+b$의 값은? (단, a, b는 상수이다.)

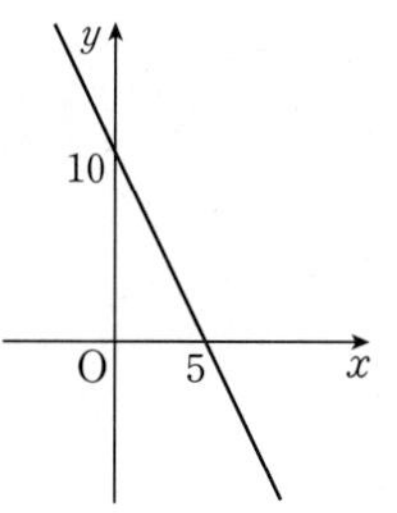

① -12 ② -8 ③ 4

④ 8 ⑤ 12

개념 08 일차함수의 활용

일차함수의 활용 문제는 다음과 같은 순서로 푼다.

❶ **변수 정하기:** 문제의 뜻을 파악하고 변수 x, y를 정한다.

❷ **함수 구하기:** x와 y 사이의 관계를 일차함수 (가) $(a\neq0)$로 나타낸다.

❸ **답 구하기:** 함수의 식이나 그래프를 이용하여 주어진 조건에 맞는 값을 구한다.

❹ **답 확인하기:** 구한 값이 문제의 뜻에 맞는지 확인한다.

Hint $ax+b=0$, $y=x+a$, $y=ax+b$

확인 15 한 자루에 300원인 연필을 x자루 사서 500원짜리 봉투에 넣어 포장하려고 한다. 전체 가격을 y원이라 할 때, 다음 물음에 답하시오.

(1) 아래 표를 완성하시오.

x(자루)	1	2	3	4	…
y(원)	800				…

(2) x와 y 사이의 관계식을 구하시오.

(3) 연필을 7자루 사서 봉투에 넣어 포장할 때, 전체 가격을 구하시오.

확인 16 길이가 40 cm인 양초에 불을 붙이면 양초의 길이가 1분에 2 cm씩 짧아진다고 한다. 불을 붙인 지 x분 후에 남아 있는 양초의 길이를 y cm라 할 때, 다음 물음에 답하시오.

(1) 아래 표를 완성하시오.

x(분)	1	2	3	4	…
y(cm)	38				…

(2) x와 y 사이의 관계식을 구하시오.

(3) 불을 붙인 지 9분 후에 남아 있는 양초의 길이를 구하시오.

기본 08-1 O|X

지면으로부터의 높이가 100 m 높아질 때마다 기온은 0.6 ℃씩 내려간다고 한다. 현재 지면의 기온이 30 ℃일 때, 지면으로부터의 높이가 2 km인 지점의 기온은 18 ℃이다. (○, ×)

응용 08-2

길이가 30 cm인 용수철 저울이 있다. 이 저울에 매단 물체의 무게가 10 g 증가할 때마다 용수철의 길이는 1 cm씩 늘어난다고 한다. 용수철의 길이가 35 cm가 되는 것은 무게가 몇 g인 물체를 매달 때인가?

① 30 g ② 35 g ③ 40 g
④ 45 g ⑤ 50 g

확장 08-3

휘발유 1 L로 12 km를 달리는 자동차가 있다. 이 자동차에 80 L의 휘발유가 들어 있을 때, 300 km를 달린 후 남아 있는 휘발유의 양은 몇 L인가?

① 25 L ② 35 L ③ 45 L
④ 55 L ⑤ 65 L

개념 06, 07, 08 마무리

01

x의 값이 10만큼 증가할 때 y의 값은 -5만큼 감소하고, 점 $(0,\ 2)$를 지나는 직선을 그래프로 하는 일차함수의 식은?

① $y=-2x-2$　　② $y=-\frac{1}{2}x+2$　　③ $y=\frac{1}{2}x+2$

④ $y=2x-2$　　⑤ $y=2x+2$

기울기가 a이고, y절편이 b인 직선을 그래프로 하는 일차함수의 식은 $y=$☐이다.

Hint $x+a$, $x+b$, $ax+b$, $ax-b$

02

두 점 $(1,\ -2)$, $(3,\ 4)$를 지나는 직선을 y축의 방향으로 1만큼 평행이동한 직선을 그래프로 하는 일차함수의 식이 $y=mx+n$일 때, $m-n$의 값은? (단, m, n은 상수이다.)

① -3　　② -1　　③ 3

④ 7　　⑤ 10

서로 다른 두 점 $(x_1,\ y_1)$, $(x_2,\ y_2)$를 지나는 직선을 그래프로 하는 일차함수의 식은 다음과 같이 구한다.

❶ 일차함수의 식을 $y=ax+b$로 놓고, 두 점을 지나는 직선의 기울기 a를 구한다.

➡ $a=\frac{y_2-y_1}{x_2-x_1}=\frac{☐}{x_1-x_2}$

❷ $y=ax+b$에 두 점 $(x_1,\ y_1)$, $(x_2,\ y_2)$ 중 한 점의 좌표를 대입하여 ☐의 값을 구한다.

Hint y_1-y_2, y_2-y_1, a, b

정답과 해설 39쪽

03
단답형

300 L의 물이 들어 있는 물통에서 1분마다 25 L씩의 물이 흘러나온다. 물이 흘러나오기 시작한 지 5분 후에 물통에 남아 있는 물의 양과 물이 모두 흘러나올 때까지 걸린 시간을 차례로 구하시오.

일차함수의 활용 문제는 다음과 같은 순서로 푼다.

❶ **변수 정하기:** 문제의 뜻을 파악하고 변수 x, □를 정한다.

❷ **함수 구하기:** x와 y 사이의 관계를 □ $y=ax+b(a\neq0)$로 나타낸다.

❸ **답 구하기:** 함수의 식이나 그래프를 이용하여 주어진 조건에 맞는 값을 구한다.

❹ **답 확인하기:** 구한 값이 문제의 뜻에 맞는지 확인한다.

Hint a, b, x, y, 일차방정식, 일차부등식, 일차함수

04

수경이가 집에서 출발하여 2.4 km 떨어진 공원까지 분속 80 m의 속력으로 걸어 가려고 한다. 수경이가 출발한 지 20분 후에 공원까지 남은 거리는?

① 400 m ② 600 m ③ 800 m
④ 1200 m ⑤ 1600 m

거리, 속력, 시간에 대한 일차함수의 활용 문제는 다음을 이용하여 푼다.

(1) (거리)=(속력)×(시간)

(2) (속력)$=\dfrac{(\text{거리})}{(\text{시간})}$

(3) (시간)$=\dfrac{(\square)}{(\square)}$

Hint 거리, 속력, 시간

개념 09

일차함수와 일차방정식

(1) 미지수가 2개인 일차방정식의 그래프: 미지수가 2개인 일차방정식 $ax+by+c=0$(a, b, c는 상수, $a\neq0$, $b\neq0$)의 해 (x, y)를 좌표평면 위에 나타낸 것

① x, y의 값이 자연수 또는 정수일 때, 그래프는 점으로 나타난다.

② x, y의 값이 수 전체일 때, 그래프는 직선으로 나타난다. 이때 일차방정식 $ax+by+c=0$(a, b, c는 상수, $a\neq0$ 또는 $b\neq0$)을 직선의 방정식이라 한다.

(2) 일차방정식과 일차함수: 미지수가 2개인 일차방정식 $ax+by+c=0$(a, b, c는 상수, $a\neq0$, $b\neq0$)의 그래프는 일차함수 $y=$ (가) 의 그래프와 같다.

예 일차방정식 $3x+y-4=0$의 그래프는 일차함수 $y=-3x+4$의 그래프와 같다.

(3) 방정식 $x=p$, $y=q$의 그래프

① **방정식 $x=p(p\neq0)$의 그래프**: 점 $(p, 0)$을 지나고, (나)축에 평행한((다)축에 수직인) 직선이다.

② **방정식 $y=q(q\neq0)$의 그래프**: 점 $(0, q)$를 지나고, (다)축에 평행한((나)축에 수직인) 직선이다.

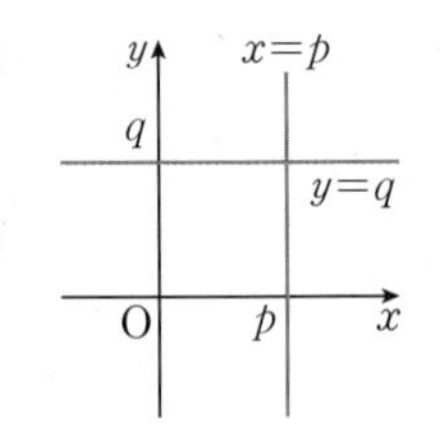

Hint $ax+b$, $\frac{a}{b}x+\frac{c}{b}$, $-\frac{a}{b}x-\frac{c}{b}$, x, y, 원점

확인 17 일차방정식 $2x+y-1=0$에 대하여 다음 물음에 답하시오.

(1) 주어진 일차방정식을 만족시키는 x, y의 값을 구하여 다음 표를 완성하시오.

x	-2	-1	0	1	2
y	5				

(2) x, y의 값이 수 전체일 때, 주어진 일차방정식의 그래프를 오른쪽 좌표평면 위에 나타내시오.

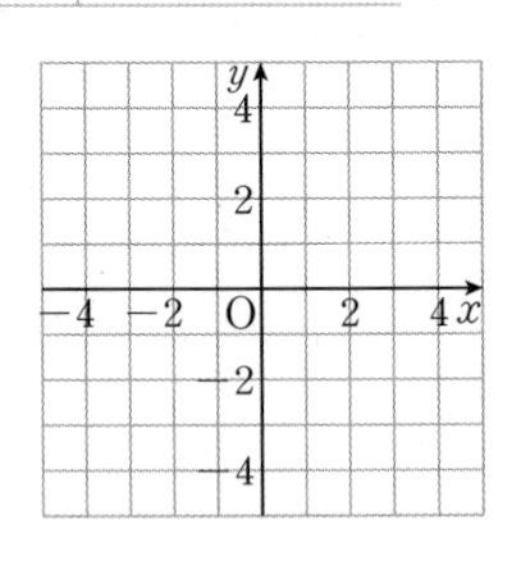

확인 18 다음 직선의 방정식을 구하시오.

(1) 점 $(-2, 4)$를 지나고, y축에 평행한 직선

(2) 점 $(5, -1)$을 지나고, x축에 평행한 직선

(3) 점 $\left(\frac{1}{4}, \frac{2}{3}\right)$를 지나고, y축에 수직인 직선

(4) 두 점 $(6, 2)$, $(6, -2)$를 지나는 직선

O|X

일차방정식 $4x-2y-8=0$의 그래프는 일차함수 $y=-2x+4$의 그래프와 같다. (○, ×)

다지 선택

다음 중 일차방정식 $9x-3y+15=0$의 그래프에 대한 설명으로 옳은 것은?

① 점 $\left(\frac{5}{3}, 0\right)$을 지난다.
② 기울기는 3이다.
③ y절편은 -5이다.
④ 제1, 2, 3 사분면을 지난다.
⑤ 일차함수 $y=-3x+4$의 그래프와 평행하다.

다음을 만족시키는 두 직선 l, m과 x축, y축으로 둘러싸인 도형의 넓이는?

> 직선 l: x축에 수직이고, 점 $(3, -3)$을 지난다.
> 직선 m: 두 점 $(-3, 5)$, $(2, 5)$를 지난다.

① 4 ② 5 ③ 8
④ 10 ⑤ 15

10 일차방정식의 그래프와 연립방정식의 해

연립방정식 $\begin{cases} ax+by+c=0 \\ a'x+b'y+c'=0 \end{cases}$ 의 해는 두 일차방정식 $ax+by+c=0$, $a'x+b'y+c'=0$의 그래프의 (가) 의 좌표와 같다.

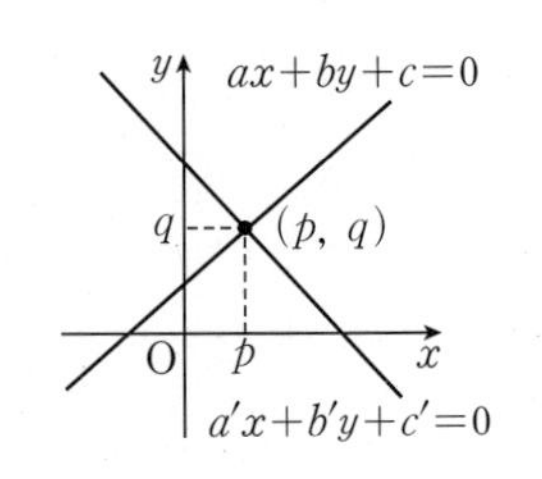

연립방정식의 해		두 일차방정식의 그래프의 교점의 좌표
$x=p$, $y=q$	⇄	(p, q)

Hint 원점, 중점, 교점

확인 19 오른쪽 그림은 두 일차방정식 $2x-y=2$, $x+y=4$의 그래프를 좌표평면 위에 나타낸 것이다. 다음 물음에 답하시오.

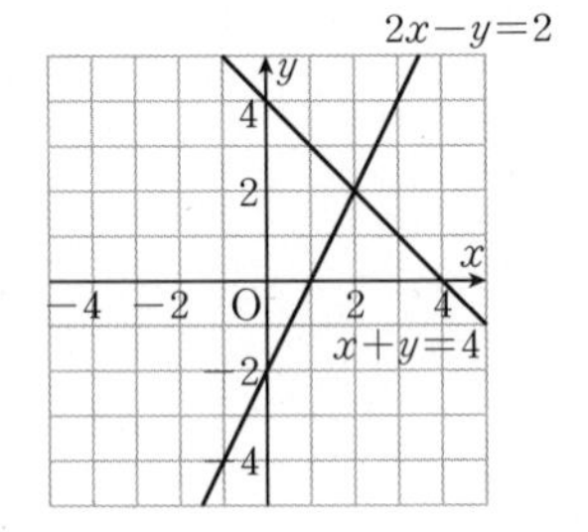

(1) 두 그래프의 교점의 좌표를 구하시오.

(2) 그래프를 이용하여 연립방정식 $\begin{cases} 2x-y=2 \\ x+y=4 \end{cases}$ 의 해를 구하시오.

확인 20 연립방정식 $\begin{cases} -x+y=3 \\ 3x+2y=1 \end{cases}$ 의 두 일차방정식의 그래프를 오른쪽 좌표평면 위에 나타내고, 그래프를 이용하여 이 연립방정식의 해를 구하시오.

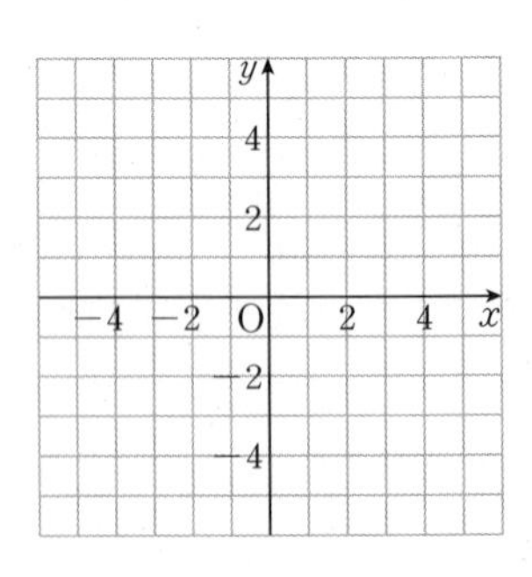

O|X

미지수가 2개인 연립일차방정식 $\begin{cases} ax+by+c=0 \\ a'x+b'y+c'=0 \end{cases}$ 의 해는 두 일차함수 $y=\frac{a}{b}x-\frac{c}{b}$, $y=\frac{a'}{b'}x-\frac{c'}{b'}$의 그래프의 교점의 좌표와 같다. (단, a, b, c, a', b', c'는 상수이다.) (○, ×)

응용 10-2

두 일차방정식 $ax+2y+3=0$, $4x-y+9=0$의 그래프의 교점의 좌표가 $(-3, b)$일 때, $a+b$의 값은? (단, a는 상수이다.)

① -7 ② -4 ③ -2
④ 3 ⑤ 6

확장 10-3

세 일차방정식 $2x-y=5$, $x+4y=-2$, $3x-2y=2a$의 그래프가 한 점에서 만날 때, 상수 a의 값은?

① 1 ② 2 ③ 4
④ 8 ⑤ 12

11 연립방정식의 해의 개수와 그래프

연립방정식 $\begin{cases} ax+by+c=0 \\ a'x+b'y+c'=0 \end{cases}$ 의 해의 개수는 두 일차방정식 $ax+by+c=0$, $a'x+b'y+c'=0$의 그래프의 교점의 개수와 같다.

두 일차방정식의 그래프	(그래프)	(그래프)	(그래프)
두 그래프의 위치 관계	한 점에서 만난다.	평행하다.	일치한다.
두 그래프의 교점의 개수	한 개	없다.	무수히 많다.
연립방정식의 해의 개수	한 쌍의 해	해가 (가).	해가 (나).
기울기와 y절편	기울기가 다르다.	기울기는 같고 y절편은 다르다.	기울기는 같고 y절편도 같다.
	$\frac{a}{a'} \neq \frac{b}{b'}$	(다)	(라)

Hint 1개이다, 없다, 무수히 많다, $\frac{a}{a'}=\frac{b}{b'}=\frac{c}{c'}$, $\frac{a}{a'}=\frac{b}{b'}\neq\frac{c}{c'}$

확인 21 다음 <보기>의 연립방정식 중 두 일차방정식의 그래프의 교점의 개수가 다음과 같은 것을 모두 고르시오.

보기

ㄱ. $\begin{cases} 2x+y=-1 \\ 4x+2y=2 \end{cases}$

ㄴ. $\begin{cases} x+3y=-1 \\ 3x+3y=-9 \end{cases}$

ㄷ. $\begin{cases} -3x+2y=5 \\ 2x-3y=-5 \end{cases}$

ㄹ. $\begin{cases} x-5y=-2 \\ -2x+10y=4 \end{cases}$

(1) 교점이 한 개이다.
(2) 교점이 없다.
(3) 교점이 무수히 많다.

확인 22 연립방정식 $\begin{cases} ax-y=2 \\ 6x-2y=b \end{cases}$ 의 해가 다음과 같을 때, 일차방정식의 그래프를 이용하여 상수 a, b의 조건을 구하시오.

(1) 해가 한 쌍이다.
(2) 해가 없다.
(3) 해가 무수히 많다.

기본 11-1

O|X

두 일차함수의 그래프가 평행하다는 것은 두 일차함수의 그래프의 기울기가 같다는 뜻이다.
즉, 두 일차함수 $y=ax+b$, $y=a'x+b'$의 그래프가 평행하면 $a=a'$이다. 이때 b, b'의 조건은 생각할 필요가 없다. (단, a, b, a', b'은 상수이다.) (○, ×)

응용 11-2

연립방정식 $\begin{cases} 5x-y+10=0 \\ -ax+y-ab=0 \end{cases}$의 해가 무수히 많을 때, 상수 a, b의 값은?

① $a=-5$, $b=-10$ ② $a=-5$, $b=-2$ ③ $a=5$, $b=-10$
④ $a=5$, $b=2$ ⑤ $a=5$, $b=5$

확장 11-3

다지 선택

다음 중 옳지 않은 것은?

① 연립방정식 $\begin{cases} x-y=4 \\ 2x-2y=8 \end{cases}$의 해는 없다.

② 연립방정식 $\begin{cases} x+y=1 \\ -x-2y=-1 \end{cases}$의 해는 한 쌍이다.

③ 연립방정식 $\begin{cases} 2x-y-3=0 \\ -2x+y-3=0 \end{cases}$의 해는 무수히 많다.

④ 연립방정식 $\begin{cases} x-3y+6=0 \\ 4x-12y+18=0 \end{cases}$의 해는 없다.

⑤ 연립방정식 $\begin{cases} x-3y+6=0 \\ \frac{2}{3}x-2y+4=0 \end{cases}$의 해는 무수히 많다.

개념 09, 10, 11 마무리

01 일차방정식 $ax+by=10$의 그래프가 기울기는 2이고, y절편은 -5인 직선과 일치할 때, $a+b$의 값은? (단, a, b는 상수이다.)

① 1 ② 2 ③ 3
④ 4 ⑤ 5

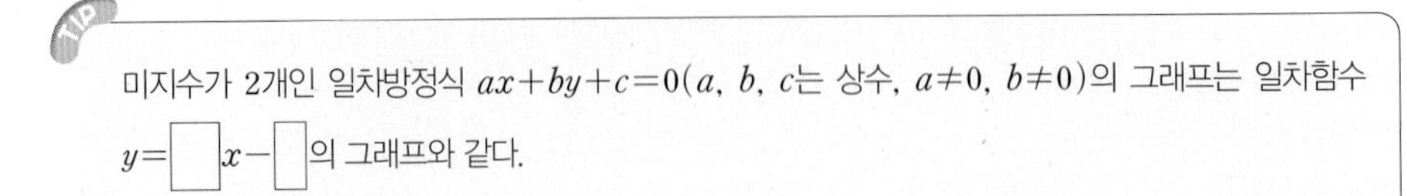
TIP 미지수가 2개인 일차방정식 $ax+by+c=0$(a, b, c는 상수, $a\neq0$, $b\neq0$)의 그래프는 일차함수 $y=\square x-\square$의 그래프와 같다.

Hint a, b, $\frac{a}{b}$, $-\frac{a}{b}$, $\frac{c}{b}$, $-\frac{c}{b}$

02 두 점 $(-2,\ k+5)$, $(k,\ -2k-4)$를 지나는 직선이 x축과 평행할 때, k의 값과 이 직선의 방정식을 각각 구하면?

① $k=-3$, $x=-8$ ② $k=-3$, $y=-3$ ③ $k=-3$, $y=2$
④ $k=-2$, $x=-2$ ⑤ $k=-2$, $y=3$

TIP
(1) **방정식 $x=p(p\neq0)$의 그래프**: 점 $(p,\ 0)$을 지나고, □축에 평행한(□축에 수직인) 직선이다.
(2) **방정식 $y=q(q\neq0)$의 그래프**: 점 $(0,\ q)$를 지나고, □축에 평행한(□축에 수직인) 직선이다.

Hint x, y, p, q

정답과 해설 42쪽

03

두 일차방정식 $x+y=5$, $4x-3y=-1$의 그래프와 x축으로 둘러싸인 삼각형의 넓이는?

① $\frac{21}{8}$　② 7　③ $\frac{63}{8}$
④ 21　⑤ 63

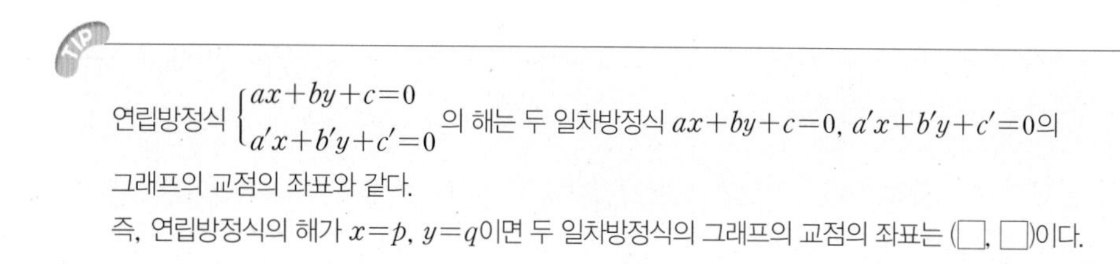
TIP

연립방정식 $\begin{cases} ax+by+c=0 \\ a'x+b'y+c'=0 \end{cases}$의 해는 두 일차방정식 $ax+by+c=0$, $a'x+b'y+c'=0$의 그래프의 교점의 좌표와 같다.
즉, 연립방정식의 해가 $x=p$, $y=q$이면 두 일차방정식의 그래프의 교점의 좌표는 (□, □)이다.

Hint a, b, p, q, x, y

04

단답형

두 일차방정식 $ax-8y=-12$, $2x+by=-6$의 그래프의 교점이 무수히 많을 때, $a-b$의 값을 구하시오. (단, a, b는 상수이다.)

TIP

연립방정식 $\begin{cases} ax+by+c=0 \\ a'x+b'y+c'=0 \end{cases}$의

(1) 해가 한 쌍이면 $\frac{a}{a'} \neq \frac{b}{b'}$이다.

(2) 해가 없으면 □이다.

(3) 해가 무수히 많으면 □이다.

Hint $\frac{a}{a'}=\frac{c}{c'}$, $\frac{a}{a'} \neq \frac{c}{c'}$, $\frac{a}{a'}=\frac{b}{b'}=\frac{c}{c'}$, $\frac{a}{a'}=\frac{b}{b'} \neq \frac{c}{c'}$

중단원 마무리

STEP 1 기본

개념6

01 x의 값이 4만큼 증가할 때 y의 값은 3만큼 감소하고, 점 $(0,\ -1)$을 지나는 직선을 그래프로 하는 일차함수의 식은?

① $y=-\frac{4}{3}x-1$ ② $y=-\frac{3}{4}x-1$
③ $y=\frac{3}{4}x-1$ ④ $y=\frac{3}{4}x+1$
⑤ $y=\frac{4}{3}x+1$

개념8

02 공기 중에서 소리의 속력은 기온이 0 ℃일 때, 초속 331 m이고, 기온이 10 ℃씩 올라갈 때마다 초속 6 m씩 증가한다고 한다. 기온이 x ℃일 때의 소리의 속력을 초속 y m라 할 때, x와 y 사이의 관계식은?

① $y=331-6x$ ② $y=331-0.6x$
③ $y=331+0.6x$ ④ $y=331+6x$
⑤ $y=331+60x$

개념9

03 일차방정식 $3x-6y+9=0$의 그래프가 일차함수 $y=ax+b$의 그래프와 일치할 때, $a+b$의 값은? (단, a, b는 상수이다.)

① -2 ② -1 ③ 1
④ 2 ⑤ 3

개념10

04 두 일차방정식 $x+2y=6$, $2x-y=2$의 그래프가 오른쪽 그림과 같을 때, 연립방정식 $\begin{cases} x+2y=6 \\ 2x-y=2 \end{cases}$의 해는?

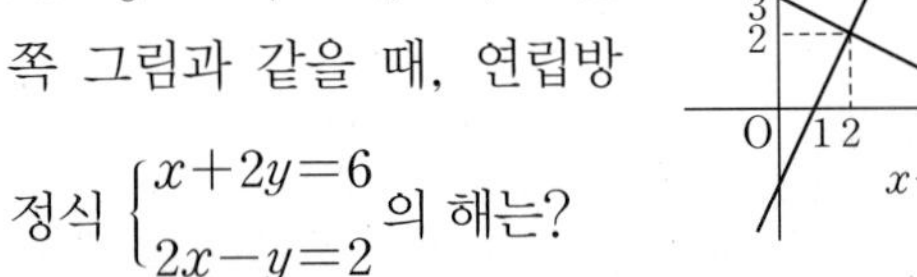

① $x=0,\ y=1$ ② $x=0,\ y=3$
③ $x=1,\ y=2$ ④ $x=2,\ y=2$
⑤ $x=6,\ y=0$

STEP 2 실전

개념6

05 다지 선택 다음 중 일차함수 $y=-\frac{1}{3}x+5$의 그래프와 평행하고, 점 $(-6,\ 4)$를 지나는 직선 위의 점인 것은?

① $(-9,\ -1)$ ② $\left(-1,\ \frac{7}{3}\right)$
③ $(0,\ -2)$ ④ $\left(2,\ \frac{4}{3}\right)$
⑤ $(3,\ 3)$

개념7

06 두 점 $(-1,\ 3)$, $(2,\ 9)$를 지나는 직선을 그래프로 하는 일차함수의 식을 $y=mx+n$이라 할 때, mn의 값은? (단, m, n은 상수이다.)

① -10 ② -8 ③ -6
④ 8 ⑤ 10

개념7

07 x절편이 2이고, y절편이 -3인 직선이 점 $(k+2,\ -3k-1)$을 지날 때, k의 값은?

① $-\frac{8}{9}$ ② $-\frac{2}{9}$ ③ $\frac{1}{9}$
④ 1 ⑤ 2

개념8

08 다음 표는 길이가 50 cm인 용수철 저울에 무게가 x g인 추를 매달 때의 용수철의 길이 y cm를 나타낸 것이다. 이 용수철 저울에 무게가 11 g인 추를 매달 때의 용수철의 길이는?

x(g)	1	2	3	4	5	…
y(cm)	53	56	59	62	65	…

① 73 cm ② 75 cm ③ 80 cm
④ 83 cm ⑤ 85 cm

개념9

09 다중 선택 다음 중 방정식 $x=-4$의 그래프와 일치하는 것은?

① 점 $(1, -4)$를 지나고, x축에 평행한 직선
② 점 $(-4, 1)$을 지나고, y축에 평행한 직선
③ 점 $(2, -4)$를 지나고, x축에 수직인 직선
④ 점 $(-4, 2)$를 지나고, y축에 수직인 직선
⑤ 점 $(-4, 0)$을 지나고, x축과 이루는 각의 크기가 $90°$인 직선

개념10

10 두 일차방정식 $ax-y+1=0$, $x+y-2=0$의 그래프의 교점의 x좌표가 4일 때, 상수 a의 값은?

① -1 ② $-\frac{3}{4}$ ③ $\frac{3}{4}$
④ 1 ⑤ $\frac{4}{3}$

개념10

11 두 일차방정식 $x-ay=1$, $bx+y=4$의 그래프가 오른쪽 그림과 같을 때, ab의 값은? (단, a, b는 상수이다.)

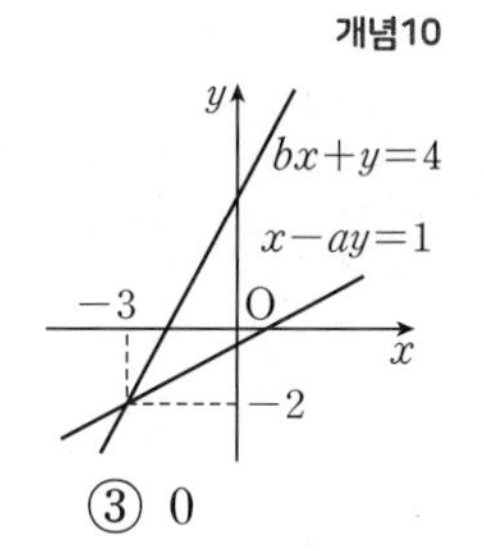

① -4 ② -2 ③ 0
④ 2 ⑤ 4

개념11

12 다중 선택 다음 연립방정식 중 해가 무수히 많은 것은?

① $\begin{cases} x-y=8 \\ x+y=8 \end{cases}$ ② $\begin{cases} x-y=1 \\ x+4y=-4 \end{cases}$

③ $\begin{cases} 2x+y=1 \\ 4x+2y=2 \end{cases}$ ④ $\begin{cases} -3x+6y=-3 \\ 4x-8y=-4 \end{cases}$

⑤ $\begin{cases} 2x+y=3 \\ -x-\frac{1}{2}y=-\frac{3}{2} \end{cases}$

STEP 3 단답형

개념7

13 두 점 $(-5, -2)$, $(-3, 6)$을 지나는 직선에 평행하고, 점 $(2, -1)$을 지나는 직선을 그래프로 하는 일차함수의 식을 $y=mx+n$이라 할 때, $m+n$의 값을 구하시오. (단, m, n은 상수이다.)

개념8

14 오른쪽 그림과 같은 직사각형 ABCD에서 점 P가 점 B를 출발하여 $\overline{BC}$를 따라 점 C까지 1초에 2 cm씩 이동한다. 점 P가 이동하기 시작한 지 x초 후의 □APCD의 넓이를 $y\text{ cm}^2$라 할 때, 다음 물음에 답하시오. (단, $0 \le x < 5$)

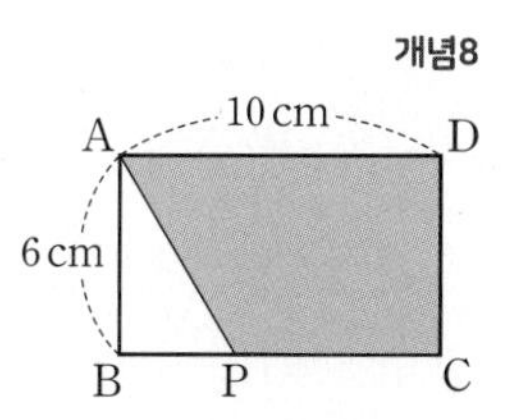

(1) y를 x에 대한 식으로 나타내시오.
(2) □APCD의 넓이가 42 cm^2일 때, 점 P는 점 B를 출발한 지 몇 초 후인지 구하시오.

개념9

15 일차방정식 $2ax-by+3=0$의 그래프가 점 $(4, -3)$을 지나고 방정식 $x=10$의 그래프에 수직일 때, $a-2b$의 값을 구하시오.
(단, a, b는 상수이다.)

개념11

16 세 일차방정식 $2x+3y+4=0$, $3x-y+6=0$, $ax-y+4=0$의 그래프가 삼각형을 이루지 않도록 하는 모든 상수 a의 값의 합을 구하시오.

직선의 방정식 VS 일차함수

직선의 방정식과 일차함수는 같은 말일까?

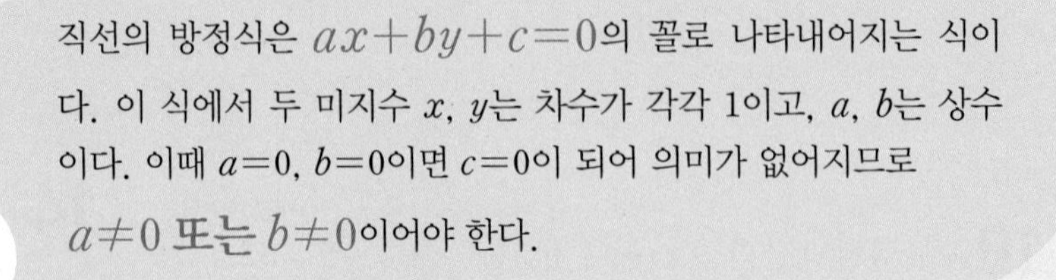

직선의 방정식은 $ax+by+c=0$의 꼴로 나타내어지는 식이다. 이 식에서 두 미지수 x, y는 차수가 각각 1이고, a, b는 상수이다. 이때 $a=0$, $b=0$이면 $c=0$이 되어 의미가 없어지므로 $a \neq 0$ 또는 $b \neq 0$이어야 한다.

ax+by+c=0에서
a≠0 또는 b≠0이어야 해.

y=mx+n에서
m≠0이어야 해.

한편, 일차함수는 $y=mx+n$의 꼴로 나타내어지는 식이다. 이 식 역시 두 변수 x, y는 차수가 각각 1이고, m, n은 상수이다. 이때 $m=0$이면 y가 x에 대한 일차함수가 아니므로 $m \neq 0$이어야 한다.

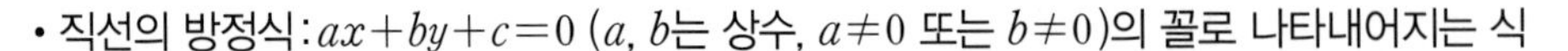

- 직선의 방정식 : $ax+by+c=0$ (a, b는 상수, $a \neq 0$ 또는 $b \neq 0$)의 꼴로 나타내어지는 식
- 일차함수 : $y=mx+n$ (m, n은 상수, $m \neq 0$)의 꼴로 나타내어지는 식

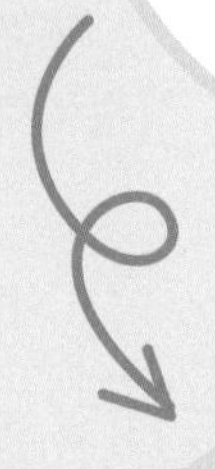

이제 직선의 방정식과 일차함수를 비교하기 위하여 직선의 방정식 $ax+by+c=0$을 일차함수의 꼴로 바꾸어 보자.

$ax+by+c=0$에서 x항과 상수항을 우변으로 이항하면 $by=-ax-c$이다. 이때 양변을 b로 나누면 일차함수의 꼴로 나타낼 수 있는데, $b \neq 0$이라는 조건이 없으므로 양변을 b로 나눌 수 없다.

ax+by+c=0에서
a≠0, b=0
이면 함수가 아니야.

만약 $a\neq0$, $b=0$이라 하면

$ax+0\times y+c=0$, $ax=-c$ $\quad\therefore x=-\dfrac{c}{a}$

위의 식은 y항이 없기 때문에 일차함수가 아니다.
또, x의 값이 하나 정해짐에 따라 y의 값이 하나로 정해지지 않으므로 **함수가 아니다**.

ax+by+c=0에서
a=0, b≠0이면
상수함수야.

$a=0$, $b\neq0$이라 하면

$0\times x+by+c=0$, $by=-c$ $\quad\therefore y=-\dfrac{c}{b}$

위의 식 역시 x항이 없기 때문에 일차함수가 아니다.
하지만 이 식은 x의 값이 하나 정해짐에 따라 y의 값이 하나로 정해지므로 함수이다. 이와 같은 함수를 **상수함수**라 한다.

따라서 직선의 방정식 $ax+by+c=0$을 상수 a, b의 조건에 따라 정리하면 다음 표와 같다.

$ax+by+c=0$	$a\neq0$, $b=0$인 경우	$a=0$, $b\neq0$인 경우
식을 간단히 하면?	$x=-\dfrac{c}{a}$	$y=-\dfrac{c}{b}$
함수인가?	×	○ (상수함수)
그래프의 모양은?	① x축에 수직이다. ② y축에 평행하다.	① x축에 평행하다. ② y축에 수직이다.

위의 내용은 이 단원에서 학습한 축에 평행한(또는 수직인) 직선에 대한 것으로 $ax+by+c=0$에서 $a\neq0$, $b=0$ 또는 $a=0$, $b\neq0$인 경우에 대한 내용이었다.
이러한 경우에 그래프는 직선의 모양으로 그려지므로 그래프를 나타내는 식은 직선의 방정식이지만 y가 x에 대한 일차함수인 것은 아니다.

결론적으로 일차함수, 방정식 $x=p$(p는 상수) 또는 $y=q$(q는 상수)의 그래프는 모두 직선으로 나타나므로 직선의 방정식의 범주에 넣을 수 있다.
따라서 **직선의 방정식과 일차함수는 같은 말이 아니다**.

정답과 해설 44쪽

대단원 핵심 한눈에 보기

01 함수와 일차함수

(1) **함수**: 두 변수 x, y에 대하여 x의 값이 하나 정해짐에 따라 y의 값이 오직 ☐씩 정해지는 관계가 있을 때, y는 x의 함수라 하고, 기호로 $y=f(x)$와 같이 나타낸다.

(2) **함숫값**: 함수 $y=f(x)$에서 x의 값에 따라 하나씩 정해지는 y의 값, 즉 $f(x)$의 값

(3) **일차함수**: 함수 $y=f(x)$에서 y가 x에 대한 일차식 $y=$☐$(a\neq0)$로 나타내어질 때, 이 함수를 x에 대한 일차함수라 한다.

(4) **일차함수 $y=ax+b(a\neq0)$의 그래프**: 일차함수 $y=ax+b$의 그래프는 일차함수 $y=ax$의 그래프를 y축의 방향으로 b만큼 ☐이동한 것이다.

02 일차함수의 그래프

(1) **x절편**: 일차함수의 그래프가 x축과 만나는 점의 ☐좌표

(2) **y절편**: 일차함수의 그래프가 y축과 만나는 점의 ☐좌표

(3) $(\text{기울기})=\dfrac{(y\text{의 값의 증가량})}{(x\text{의 값의 증가량})}=($☐의 계수)

(4) 일차함수 $y=ax+b$의 그래프의 성질

① $a>0$일 때 오른쪽 ☐로 향하는 직선이고, $a<0$일 때 오른쪽 아래로 향하는 직선이다.

② $b>0$일 때 y축과 x축의 위쪽에서 만나고, $b<0$일 때 y축과 x축의 ☐쪽에서 만난다.

03 일차함수의 식 구하기

(1) 기울기가 a이고, y절편이 b인 직선을 그래프로 하는 일차함수의 식 ➡ $y=$☐

(2) 기울기가 a이고, 점 (x_1, y_1)을 지나는 직선을 그래프로 하는 일차함수의 식

➡ 구하는 일차함수의 식을 $y=ax+b$로 놓고 $x=x_1$, $y=y_1$을 대입한다.

(3) 서로 다른 두 점 (x_1, y_1), (x_2, y_2)를 지나는 직선을 그래프로 하는 일차함수의 식

➡ $y-y_1=\dfrac{y_2-y_1}{x_2-x_1}(x-x_1)$

(4) x절편이 m이고, y절편이 n인 직선을 그래프로 하는 일차함수의 식 ➡ $y=-\dfrac{n}{m}x+$☐

04 일차함수와 일차방정식

(1) **일차방정식과 일차함수**: 미지수가 2개인 일차방정식 $ax+by+c=0(a,\ b,\ c$는 상수, $a\neq0,\ b\neq0)$의 그래프는 일차함수 $y=$☐의 그래프와 같다.

(2) **방정식 $x=p$, $y=q$의 그래프**

① **방정식 $x=p(p\neq0)$의 그래프**: 점 $(p, 0)$을 지나고, ☐축에 평행한 직선이다.

② **방정식 $y=q(q\neq0)$의 그래프**: 점 $(0, q)$를 지나고, ☐축에 평행한 직선이다.

(3) 연립방정식 $\begin{cases}ax+by+c=0\\a'x+b'y+c'=0\end{cases}$의 해는 두 일차방정식 $ax+by+c=0$, $a'x+b'y+c'=0$의 그래프의 ☐의 좌표와 같다.

MEMO

MEMO

수학에 심장을 달다

개념편

정답과 해설

중등 2-1

Ⅰ. 유리수와 순환소수

1. 유리수와 순환소수

본문 6쪽

개념 01 (가) 0 (나) 유리수 (다) 유한개

확인 1 (1) -9, 0, 47
(2) $\frac{1}{6}$, 0.12
(3) -9, 0, $\frac{1}{6}$, 47, 0.12

확인 2 (1) 0.25, 유한소수
(2) -0.6, 유한소수
(3) $0.333\cdots$, 무한소수
(4) $0.142857142857\cdots$, 무한소수

기본 01-1 ×
응용 01-2 ②, ③, ⑤
확장 01-3 ④

본문 8쪽

개념 02 (가) 2 (또는 5) (나) 5 (또는 2) (다) 유한소수

확인 3 (1) 5^2, 5^2, 100, 0.25
(2) 5^3, 5^3, 625, 0.625
(3) 2^2, 2^2, 36, 0.36

확인 4 (1) ○ (2) ○ (3) × (4) ○ (5) × (6) ○

기본 02-1 ×
응용 02-2 ①, ②, ③, ④
확장 02-3 ①, ⑤

본문 10~11쪽

개념 01, 02 마무리

01 ②, ③, ④ 02 ②, ③ 03 ②, ③, ⑤ 04 49

TIP 01 유한개, 무한히 많은 02 10 03 2, 5 04 유한소수

본문 12쪽

개념 03 (가) 무한소수 (나) 순환마디

확인 5 (1) ○ (2) × (3) × (4) ○

확인 6 (1) 7, $0.\dot{7}$ (2) 4, $0.1\dot{4}$ (3) 56, $2.\dot{3}5\dot{6}$ (4) 128, $5.\dot{1}2\dot{8}$

기본 03-1 ×
응용 03-2 ②, ③
확장 03-3 ④

본문 14쪽

개념 04 (가) 소수 (나) 0

확인 7 (1) 100, 99, $\frac{17}{99}$ (2) 10, 100, 90, 15

확인 8 (1) 99, $\frac{10}{33}$ (2) 990, $\frac{5}{198}$ (3) 16, 90, $\frac{49}{30}$ (4) 11, 990, $\frac{379}{330}$

기본 04-1 ×
응용 04-2 ③
확장 04-3 ②, ④, ⑤

본문 16쪽

개념 05 (가) 유리수 (나) 순환소수

확인 9 (1) ○ (2) × (3) × (4) × (5) ○

확인 10 (1) $<$ (2) $>$ (3) $<$ (4) $>$

기본 05-1 ×
응용 05-2 ⑤
확장 05-3 ③, ④, ⑤

본문 18~19쪽

개념 03, 04, 05 마무리

01 ③ 02 9 03 ③ 04 120

TIP 01 순환마디 02 순환마디, 순환마디 03 9, 0 04 분수

본문 20~21쪽

중단원 마무리

01 ①, ②, ④ 02 ①, ③, ④, ⑤ 03 ②, ⑤
04 ②, ④, ⑤ 05 ③ 06 ②, ⑤
07 ①, ④, ⑤ 08 ② 09 ④
10 ②, ③, ⑤ 11 ③ 12 ②, ③, ⑤
13 9개 14 52 15 98
16 $0.\dot{0}\dot{3}$

본문 24쪽

대단원 핵심 한눈에 보기

01 (1) 0, 유리수 (2) ② 0
02 (1) 있다 (2) 없다
03 (2) 순환마디 (3) 순환마디
04 (1) 9, 0
05 (1) 순환소수 (2) 유리수

Ⅱ. 식의 계산

1. 단항식의 계산

본문 26쪽

개념 01 (가) $m+n$ (나) mn

확인 1 (1) x^7 (2) y^{11} (3) a^9 (4) x^{12} (5) a^9 (6) b^{14}

확인 2 (1) 2 (2) 6 (3) 4 (4) 9 (5) 3 (6) 6

기본 01-1 ×
응용 01-2 ②, ④
확장 01-3 ③

본문 28쪽

개념 02 (가) $m-n$ (나) $n-m$ (다) n (라) n

확인 3 (1) 5^2 (2) 1 (3) $\frac{1}{a^4}$ (4) a^4b^6 (5) $\frac{a^8}{16}$ (6) $-\frac{y^3}{x^{12}}$

확인 4 (1) 4 (2) 7 (3) 9 (4) 3 (5) 2 (6) 3

기본 02-1 ×　응용 02-2 ③
확장 02-3 ③

본문 30~31쪽

개념 01, 02 마무리

01 ③, ④　02 ④, ⑤　03 39
04 ②, ③
TIP 01 $m+n$, n　02 mn, m　03 n, n
04 $n+1$, $n+2$, $n+3$

본문 32쪽

개념 03 (가) 지수법칙 (나) 역수

확인 5 (1) $8a^5b^2$ (2) $-6x^5y^4$ (3) $10a^5b^5$ (4) $-7x^2$

확인 6 (1) $3a^2b$ (2) $-\frac{3}{2}xy^2$ (3) $\frac{16x}{y}$ (4) $-8a^8b^2$

기본 03-1 ×　응용 03-2 ③, ⑤
확장 03-3 ⑤

본문 34쪽

개념 04 (가) 역수 (나) $\frac{AC}{B}$

확인 7 (1) $\frac{1}{8ab}$, $\frac{1}{8}$, $\frac{1}{a}$, $-a^4$
(2) $\frac{1}{3xy^2}$, $\frac{1}{3}$, $\frac{1}{x}$, $\frac{1}{y^2}$, $-12x^3y^6$

확인 8 (1) $-12x^6$ (2) $\frac{5}{3}a^3$ (3) a^5b^3 (4) $\frac{3}{4}xy^5$

기본 04-1 ○　응용 04-2 ③
확장 04-3 ①

본문 36~37쪽

개념 03, 04 마무리

01 ④　02 ②　03 $63x^3y^5$　04 ①
TIP 01 지수법칙　02 역수　03 $A \div B$
04 $A \times B \div C$

본문 38~39쪽

중단원 마무리

01 ①, ②, ④　02 ④　03 ①
04 ②　05 ③　06 ②
07 ④, ⑤　08 ⑤　09 ②, ⑤
10 ①　11 ①　12 ④
13 8　14 0　15 $-\frac{15}{2}x^2y^{10}$
16 -3

2. 다항식의 계산

본문 40쪽

개념 05 (가) 동류항 (나) 바꾸어

확인 9 (1) $3x-9y$ (2) $-x-2y+1$ (3) $8a-11b$ (4) $-5a+3b+4$

확인 10 (1) $-a-4b$ (2) $-3a-b+8$

기본 05-1 ×　응용 05-2 ②
확장 05-3 ③

본문 42쪽

개념 06 (가) 2 (나) 동류항

확인 11 (1) × (2) × (3) ○ (4) × (5) × (6) ○

확인 12 (1) $5x^2+3x-12$
(2) $7x^2-x-8$
(3) $6x^2-12x-4$
(4) $3x^2+4x+9$

기본 06-1 ×　응용 06-2 ②, ④
확장 06-3 ②

본문 44~45쪽

개념 05, 06 마무리

01 ④　02 ⑤　03 ①, ②, ⑤　04 12
TIP 01 동류항　02 분배법칙　03 이차식, 동류항
04 소, 대

본문 46쪽

개념 07 (가) 분배법칙 (나) 전개 (다) 역수

확인 13 (1) $6a^2+10ab$
(2) $3x^3-6x^2y+18x^2$
(3) $-5a^2-20ab+10a$
(4) $-6x^3+4x^2+x$

확인 14 (1) $3a+2b$
(2) $-7y^2+5x$
(3) $-6a^2b^5+10a^2b^4$
(4) $-9x^7y^6+15x^4y^7$

기본 07-1 ×　응용 07-2 ③
확장 07-3 ⑤

본문 48쪽

개념 08 (가) 지수법칙 (나) 나눗셈 (다) 뺄셈

확인 15 (1) $4x^4y^2$, $32x^4y^5$, $4x^4y^2$, $8y^3$
(2) xy, x, $4x$, $3x$

확인 16 (1) $\frac{13}{3}x+\frac{3}{2}y$ (2) $7x^2y-11xy^2$

기본 08-1 ×　응용 08-2 ④
확장 08-3 ③, ⑤

본문 50~51쪽

개념 07, 08 마무리

01 ②, ③　02 ②　03 ①　04 9
TIP 01 분배법칙　02 역수　03 높이, 높이
04 지수법칙, 곱셈, 덧셈

본문 52~53쪽

중단원 마무리

01 ② 02 ① 03 ③ 04 ⑤ 05 ②
06 ④, ⑤ 07 ③, ④ 08 ② 09 ① 10 ④
11 ④ 12 ① 13 38 14 $x+4y-1$
15 7 16 $-12xy-7y$

본문 58쪽

대단원 핵심 한눈에 보기

01 (1) $m+n$ (2) mn (3) ② 1 ③ $n-m$
(4) ② n, n
02 (1) 지수법칙 (2) 분수 (3) ❷ 곱셈
03 (1) 동류항 (2) 부호
04 (1) 분배법칙 (2) 역수
(3) ❶ 거듭제곱 ❸ 곱셈

Ⅲ. 일차부등식과 연립일차방정식

1. 일차부등식

본문 60쪽

개념 01 (가) 초과 (나) 미만 (다) 이상 (라) 이하

확인 1 (1) × (2) ○ (3) ○ (4) ×
확인 2 ㄱ, ㄹ
기본 01-1 × 응용 01-2 ①, ②
확장 01-3 ①, ③, ⑤

본문 62쪽

개념 02 (가) > (나) < (다) <

확인 3 (1) < (2) < (3) < (4) >
확인 4 (1) $x+3\geq7$ (2) $x-8\geq-4$
(3) $-5x\leq-20$ (4) $-\frac{x}{4}\leq-1$
기본 02-1 × 응용 02-2 ②, ⑤
확장 02-3 ③

본문 64쪽

개념 03 (가) 이항 (나) 좌변 (다) a

확인 5 (1) ○ (2) × (3) × (4) ○
확인 6 (1) $x\leq6$ (2) $x>7$ (3) $x<3$ (4) $x\leq-4$
기본 03-1 × 응용 03-2 ④, ⑤
확장 03-3 ③, ④, ⑤

본문 66~67쪽

개념 01, 02, 03 마무리

01 ④, ⑤ 02 ② 03 ③, ④, ⑤ 04 20
TIP 01 참 02 >, >, < 03 이항
04 $a<0$

본문 68쪽

개념 04 (가) 분배법칙 (나) 최소공배수

확인 7 (1) 10, 5, 12, 4
(2) 2, x, $4x$, -2
확인 8 (1) $x>3$ (2) $x\geq-2$ (3) $x\geq1$
(4) $x<-1$
기본 04-1 × 응용 04-2 ①, ②
확장 04-3 ④

본문 70쪽

개념 05 (가) $x+1$ (나) $x+2$ (다) $a-x$
(라) 긴

확인 9 $2x-5$, $2x-5$, 14, 15
확인 10 18, 36, 8, 8
기본 05-1 × 응용 05-2 ④, ⑤
확장 05-3 ③

본문 72쪽

개념 06 (가) 거리 (나) 속력 (다) 소금물의 양

확인 11 (1) $\frac{x}{2}$, x, 3, $\frac{x}{3}$
(2) $\frac{x}{2}+\frac{x}{3}\leq1$
(3) $\frac{6}{5}$ km
확인 12 (1) $\frac{5}{100}\times200$, $200+x$,
$\frac{3}{100}\times(200+x)$
(2) $\frac{3}{100}\times(200+x)\geq\frac{5}{100}\times200$
(3) $\frac{400}{3}$ g
기본 06-1 ×
응용 06-2 ①, ②, ③
확장 06-3 ③, ④, ⑤

본문 74~75쪽

개념 04, 05, 06 마무리

01 ③, ④ 02 ④, ⑤ 03 ③ 04 300 g
TIP 01 최소공배수 02 $1+\frac{a}{100}$, $1-\frac{b}{100}$
03 거리, 시간 04 소금의 양

본문 76~77쪽

중단원 마무리

01 ③, ⑤ 02 ③ 03 ①, ②, ③
04 ① 05 ②, ④ 06 ②, ④, ⑤
07 ④, ⑤ 08 ② 09 ④
10 ③ 11 ③, ④, ⑤ 12 ②
13 14 14 3개 15 45분
16 $\frac{6}{5}$ km

2. 연립일차방정식

본문 78쪽

개념 07 (가) 2 (나) 1 (다) 일차방정식

확인 13 (1) ○ (2) ○ (3) × (4) ×
확인 14 (1) ○ (2) × (3) × (4) ○
기본 07 -1 ○
응용 07 -2 ①, ②, ④, ⑤
확장 07 -3 ④

본문 80쪽

개념 08 (가) 절댓값 (나) 대입

확인 15 (1) 3, 1, 1, 2, 2, 1, 2
(2) 3, 3, 15, -2, 3, -2
확인 16 (1) 1, 1, 2, 1, 2
(2) $5x-17$, 3, 3, -2, 3, -2
기본 08 -1 × 응용 08 -2 ②
확장 08 -3 ①

본문 82~83쪽

개념 07, 08 마무리

01 ① 02 ⑤ 03 ① 04 -4
TIP 01 방정식, 참 02 일차방정식, 해
03 절댓값, 대입 04 없앤, 대입

본문 84쪽

개념 09 (가) 동류항 (나) 최소공배수
(다) 많다 (라) 없다

확인 17 (1) $x=3$, $y=-1$
(2) $x=5$, $y=1$
(3) $x=2$, $y=-3$
(4) $x=1$, $y=-2$
확인 18 (1) ○ (2) × (3) × (4) ○
기본 09 -1 ○ 응용 09 -2 ③
확장 09 -3 ④

본문 86쪽

개념 10 (가) $10x+y$ (나) $x+a$ (다) 시간
(라) 소금물의 양

확인 19 (1) $\begin{cases} x+y=11 \\ 10y+x=10x+y+45 \end{cases}$
(2) $x=3$, $y=8$ (3) 38
확인 20 (1) $\begin{cases} x+y=55 \\ x+13=2(y+13) \end{cases}$
(2) $x=41$, $y=14$ (3) 14세
기본 10 -1 × 응용 10 -2 ③
확장 10 -3 ②

본문 88~89쪽

개념 09, 10 마무리

01 ③ 02 ④, ⑤ 03 ④
04 $x=900$, $y=300$
TIP 01 $A=B$, $B=C$ 02 없다 03 진, 이긴
04 소금물의 농도, 소금물의 양

본문 90~91쪽

중단원 마무리

01 ③, ④, ⑤ 02 ③, ④ 03 ④ 04 ③
05 ④ 06 ①, ④ 07 ③ 08 ⑤ 09 ①
10 ① 11 ③ 12 ③ 13 (2, 3)
14 3 15 0 16 64 g

본문 94쪽

대단원 핵심 한눈에 보기

01 (1) 대소 (2) ③ <, <
02 (1) 좌변 (2) 상수항, a (3) ③ 최소공배수
03 (2) 참 (4) 순서쌍
04 (2) 대입 (3) ② 소수 ③ 분수

Ⅳ. 일차함수

1. 일차함수와 그 그래프

본문 96쪽

개념 01 (가) 하나 (나) y

확인 1 (1) ○ (2) ×
확인 2 (1) -3 (2) -12 (3) 6 (4) 1
기본 01 -1 ○ 응용 01 -2 ④
확장 01 -3 ⑤

본문 98쪽

개념 02 (가) $ax+b$ (나) 평행이동 (다) b

확인 3 (1) × (2) ○ (3) ○ (4) ×
확인 4 (1) $y=x+3$ (2) $y=4x-2$
(3) $y=-6x+1$ (4) $y=-\frac{2}{3}x-5$
기본 02 -1 × 응용 02 -2 ③, ④
확장 02 -3 ②

본문 100~101쪽

개념 01, 02 마무리

01 ②, ③ 02 ⑤ 03 ①, ③, ⑤ 04 $-\frac{8}{3}$
TIP 01 함수 02 a, a, a 03 0 04 y, b

본문 102쪽

개념 03 (가) b (나) y절편

확인 5 (1) x절편: 3, y절편: -3
(2) x절편: $-\frac{1}{5}$, y절편: 1
(3) x절편: 8, y절편: -4
(4) x절편: $-\frac{1}{2}$, y절편: $-\frac{1}{3}$

본문 102쪽

확인 6 (1) x절편: -2, y절편: 2,

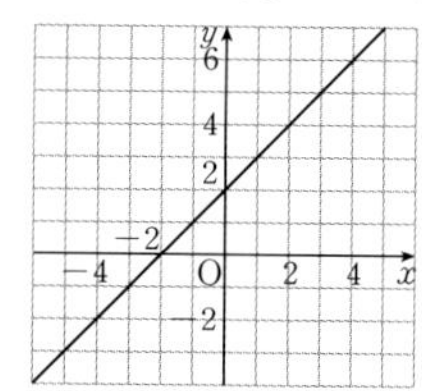

(2) x절편: 3, y절편: 1,

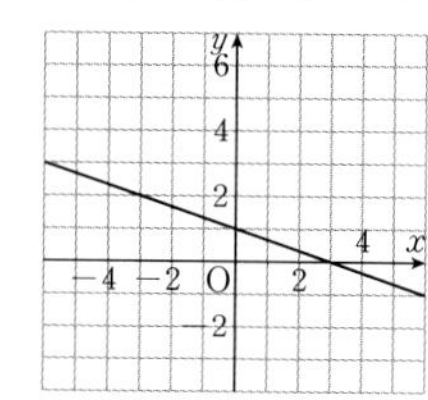

기본 03-1 ×
응용 03-2 ③, ④
확장 03-3 ④

본문 104쪽

개념 04 (가) a (나) 직선

확인 7 (1) -1 (2) 3 (3) -2 (4) $-\frac{1}{3}$

확인 8 (1) 기울기: 2, y절편: 2,

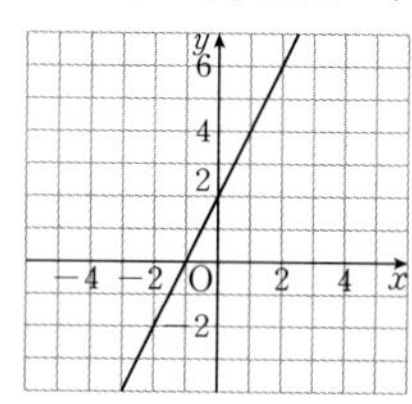

(2) 기울기: $-\frac{4}{3}$, y절편: 4,

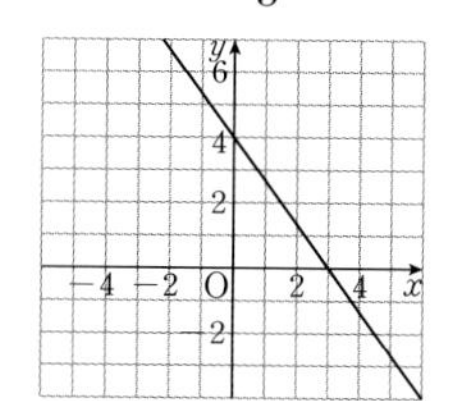

기본 04-1 ×
응용 04-2 ①
확장 04-3 ⑤

본문 106쪽

개념 05 (가) 증가 (나) 감소 (다) 평행 (라) 일치

확인 9 (1) $a>0$, $b>0$
(2) $a>0$, $b<0$
(3) $a<0$, $b<0$

확인 10 (1) ㄱ과 ㅂ (2) ㄴ과 ㄹ

기본 05-1 ×
응용 05-2 ①, ③, ⑤
확장 05-3 ①, ②

본문 108~109쪽

개념 03, 04, 05 마무리

01 ④ 02 ③ 03 ⑤ 04 $\frac{3}{2}$

TIP 01 $-\frac{b}{a}$, b 02 y, x, a
03 $a>0$, $a<0$, $b>0$, $b<0$ 04 다르면, 같으면

본문 110~111쪽

중단원 마무리

01 ④ 02 ①, ②, ④ 03 ①, ③
04 ③, ⑤ 05 ①, ②, ⑤ 06 ④
07 ③ 08 ⑤ 09 ⑤
10 ② 11 ①, ③, ④ 12 ②, ⑤
13 $a=0$, $b\neq2$ 14 $\frac{1}{2}$ 15 $k>-\frac{1}{5}$
16 4

2. 일차함수와 일차방정식의 관계

본문 112쪽

개념 06 (가) $ax+b$ (나) b

확인 11 (1) $y=3x-2$ (2) $y=-4x-1$
(3) $y=\frac{1}{5}x+\frac{1}{2}$

확인 12 (1) $y=2x+1$ (2) $y=4x+6$
(3) $y=\frac{3}{2}x-7$

기본 06-1 × 응용 06-2 ②
확장 06-3 ①

본문 114쪽

개념 07 (가) a (나) $-\frac{n}{m}$ (다) n

확인 13 (1) $y=-x+5$ (2) $y=2x+1$

확인 14 (1) $y=3x-6$ (2) $y=-\frac{1}{2}x-2$

기본 07-1 ○
응용 07-2 ①, ③, ④
확장 07-3 ④

본문 116쪽

개념 08 (가) $y=ax+b$

확인 15 (1) 1100, 1400, 1700
(2) $y=300x+500$
(3) 2600원

확인 16 (1) 36, 34, 32
(2) $y=40-2x$
(3) 22 cm

기본 08-1 ○ 응용 08-2 ⑤
확장 08-3 ④

본문 118~119쪽

개념 06, 07, 08 마무리

01 ③ 02 ④ 03 175L, 12분 04 ③

TIP 01 $ax+b$ 02 y_1-y_2, b 03 y, 일차함수 04 거리, 속력

본문 120쪽

개념 09 (가) $-\frac{a}{b}x-\frac{c}{b}$ (나) y (다) x

확인 17 (1) 3, 1, -1, -3

(2)

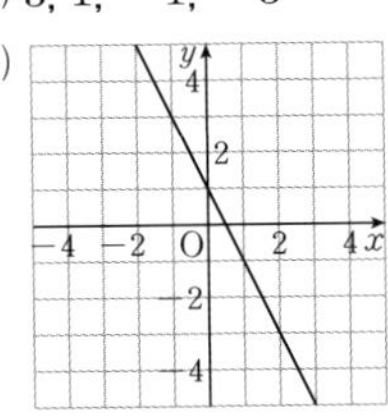

확인 18 (1) $x=-2$ (2) $y=-1$ (3) $y=\frac{2}{3}$ (4) $x=6$

기본 09-1 ×

응용 09-2 ②, ④

확장 09-3 ⑤

본문 122쪽

개념 10 (가) 교점

확인 19 (1) (2, 2) (2) $x=2$, $y=2$

확인 20

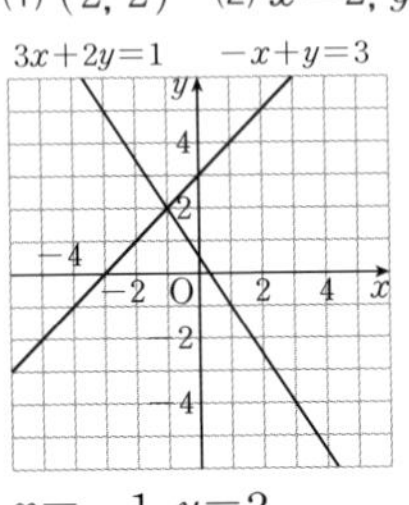

$x=-1$, $y=2$

기본 10-1 ×

응용 10-2 ②

확장 10-3 ③

본문 124쪽

개념 11 (가) 없다 (나) 무수히 많다

(다) $\frac{a}{a'}=\frac{b}{b'}\neq\frac{c}{c'}$ (라) $\frac{a}{a'}=\frac{b}{b'}=\frac{c}{c'}$

확인 21 (1) ㄴ, ㄷ (2) ㄱ (3) ㄹ

확인 22 (1) $a\neq3$

(2) $a=3$, $b\neq4$

(3) $a=3$, $b=4$

기본 11-1 ×

응용 11-2 ④

확장 11-3 ①, ③

본문 126~127쪽

개념 09, 10, 11 마무리

01 ② 02 ③ 03 ③ 04 8

TIP 01 $-\frac{a}{b}$, $\frac{c}{b}$ 02 y, x, x, y 03 p, q

04 $\frac{a}{a'}=\frac{b}{b'}\neq\frac{c}{c'}$, $\frac{a}{a'}=\frac{b}{b'}=\frac{c}{c'}$

본문 128~129쪽

중단원 마무리

01 ② 02 ③ 03 ④ 04 ④
05 ②, ④ 06 ⑤ 07 ② 08 ④
09 ②, ⑤ 10 ② 11 ① 12 ③, ⑤
13 -5 14 (1) $y=-6x+60$ (2) 3초 후
15 2 16 $\frac{13}{3}$

본문 132쪽

대단원 핵심 한눈에 보기

01 (1) 하나 (3) $ax+b$ (4) 평행

02 (1) x (2) y (3) x (4) ① 위 ② 아래

03 (1) $ax+b$ (4) n

04 (1) $-\frac{a}{b}x-\frac{c}{b}$ (2) ① y ② x (3) 교점

중등 2-1

I 유리수와 순환소수

1. 유리수와 순환소수

개념 01
| 본문 6쪽 |

(가) 0 (나) 유리수 (다) 유한개

확인 1 답 (1) -9, 0, 47 (2) $\frac{1}{6}$, 0.12

(3) -9, 0, $\frac{1}{6}$, 47, 0.12

확인 2 답 (1) 0.25, 유한소수 (2) -0.6, 유한소수

(3) 0.333⋯, 무한소수

(4) 0.142857142857⋯, 무한소수

기본 01-1 정수 a와 0이 아닌 정수 b에 대하여 분수 $\frac{a}{b}$ 꼴로 나타낼 수 있는 수를 유리수라 한다. 답 ×

응용 01-2 ① 0.1은 유한소수이다.
② 0.252525⋯는 무한소수이다.
③ π는 3.141592⋯이므로 무한소수이다.
④ $\frac{3}{8}=0.375$이므로 유한소수이다.
⑤ $\frac{6}{11}=0.545454\cdots$이므로 무한소수이다.
따라서 무한소수인 것은 ②, ③, ⑤이다. 답 ②, ③, ⑤

확장 01-3 $-\frac{12}{6}=-2$(정수)이므로 주어진 수 중 정수는 -1, $-\frac{12}{6}$, 134의 3개이다. $\therefore a=3$
또, 정수가 아닌 유리수는 $\frac{2}{3}$, -0.88의 2개이다. $\therefore b=2$
$\therefore a-b=3-2=1$ 답 ④

개념 02
| 본문 8쪽 |

(가) 2 (또는 5) (나) 5 (또는 2) (다) 유한소수

확인 3 답 해설 참조

(1) $\frac{1}{4}=\frac{1\times\boxed{5^2}}{2^2\times\boxed{5^2}}=\frac{25}{\boxed{100}}=\boxed{0.25}$

(2) $\frac{5}{8}=\frac{5\times\boxed{5^3}}{2^3\times\boxed{5^3}}=\frac{\boxed{625}}{1000}=\boxed{0.625}$

(3) $\frac{9}{25}=\frac{9\times\boxed{2^2}}{5^2\times\boxed{2^2}}=\frac{\boxed{36}}{100}=\boxed{0.36}$

확인 4 답 (1) ○ (2) ○ (3) × (4) ○ (5) × (6) ○

(1) $\frac{1}{2\times5^2}$에서 분모의 소인수가 2나 5뿐이므로 유한소수로 나타낼 수 있다.

(2) $\frac{9}{2^3\times3}=\frac{3}{2^3}$에서 분모의 소인수가 2뿐이므로 유한소수로 나타낼 수 있다.

(3) $\frac{14}{2\times5\times7^2}=\frac{1}{5\times7}$에서 분모의 소인수에 2나 5 이외의 수 7이 있으므로 유한소수로 나타낼 수 없다.

(4) $\frac{6}{20}=\frac{3}{10}=\frac{3}{2\times5}$에서 분모의 소인수가 2나 5뿐이므로 유한소수로 나타낼 수 있다.

(5) $\frac{11}{24}=\frac{11}{2^3\times3}$에서 분모의 소인수에 2나 5 이외의 수 3이 있으므로 유한소수로 나타낼 수 없다.

(6) $\frac{3}{75}=\frac{1}{25}=\frac{1}{5^2}$에서 분모의 소인수가 5뿐이므로 유한소수로 나타낼 수 있다.

기본 02-1 분수 $\frac{3}{12}$을 기약분수로 나타내면 $\frac{1}{4}$이다.
이때 분모 4를 소인수분해하면 2^2이므로 소인수가 2뿐이다.
따라서 분수 $\frac{3}{12}$은 유한소수로 나타낼 수 있다. 답 ×

응용 02-2 분수 $\frac{21}{2^3\times a}$을 유한소수로 나타낼 수 있으려면 기약분수로 나타내었을 때, 분모의 소인수가 2나 5뿐이어야 한다.
따라서 주어진 보기 중 a의 값이 될 수 있는 것은 5, 6, 7, 8이다.
답 ①, ②, ③, ④

확장 02-3 분수 $\frac{a}{2\times3^2\times5}$를 유한소수로 나타낼 수 있으려면 기약분수로 나타내었을 때, 분모의 소인수가 2나 5뿐이어야 한다.
이때 분모에 $3^2=9$가 있으므로 자연수 a의 값은 $9\times$(자연수) 꼴이어야 한다.
따라서 주어진 보기 중 a의 값이 될 수 있는 것은 9, 18이다.
답 ①, ⑤

개념 01, 02 마무리

| 본문 10~11쪽 |

01 ②, ③, ④　**02** ②, ③　**03** ②, ③, ⑤　**04** 49

01 유한개, 무한히 많은　**02** 10　**03** 2, 5

04 유한소수

01 ② 3.141592는 유한소수이다.

③ 2.727272…는 무한소수이다.

④ 0.12345678910…은 무한소수이다.

따라서 옳지 않은 것은 ②, ③, ④이다.　답 ②, ③, ④

02 분모를 10의 거듭제곱꼴로 나타낼 수 있으려면 기약분수로 나타내었을 때, 분모의 소인수가 2나 5뿐이어야 한다.

① $\frac{9}{12}=\frac{3}{4}=\frac{3}{2^2}$　② $\frac{7}{30}=\frac{7}{2\times3\times5}$

③ $\frac{4}{112}=\frac{1}{28}=\frac{1}{2^2\times7}$　④ $\frac{29}{250}=\frac{29}{2\times5^3}$

⑤ $\frac{13}{625}=\frac{13}{5^4}$

따라서 분모를 10의 거듭제곱꼴로 나타낼 수 없는 것은 ②, ③이다.　답 ②, ③

03 기약분수로 나타내었을 때, 분모의 소인수가 2나 5뿐이면 유한소수로 나타낼 수 있다.

① $\frac{15}{2^3\times3^2}=\frac{5}{2^3\times3}$　② $\frac{8}{2^2\times5^3}=\frac{2}{5^3}$

③ $\frac{14}{2^2\times5\times7}=\frac{1}{2\times5}$　④ $\frac{12}{2^3\times5^2\times7}=\frac{3}{2\times5^2\times7}$

⑤ $\frac{33}{2^2\times5^3\times11}=\frac{3}{2^2\times5^3}$

따라서 유한소수로 나타낼 수 있는 것은 ②, ③, ⑤이다.

답 ②, ③, ⑤

04 $\frac{19}{560}=\frac{19}{2^4\times5\times7}$에 자연수 a를 곱하여 유한소수가 되게 하려면 기약분수로 나타내었을 때, 분모의 소인수가 2나 5뿐이어야 한다.

이때 자연수 a는 7의 배수이어야 하고 $20<a<30$이므로 조건을 만족시키는 a의 값은 21, 28이다.

따라서 구하는 a의 값의 합은

$21+28=49$　답 49

개념 03

| 본문 12쪽 |

(가) 무한소수　(나) 순환마디

확인 5　답 (1) ○　(2) ×　(3) ×　(4) ○

확인 6　답 (1) 7, $0.\dot{7}$　(2) 4, $0.1\dot{4}$　(3) 56, $2.3\dot{5}\dot{6}$

(4) 128, $5.\dot{1}2\dot{8}$

기본 03-1 순환소수는 첫 번째 순환마디의 양 끝 숫자 위에 점을 찍어 간단히 나타낼 수 있다.　답 ×

응용 03-2 ① $0.555\cdots=0.\dot{5}$

④ $9.292929\cdots=9.\dot{2}\dot{9}$

⑤ $1.13571357\cdots=1.\dot{1}35\dot{7}$

따라서 옳은 것은 ②, ③이다.　답 ②, ③

확장 03-3 순환소수 $0.\dot{2}58\dot{9}$의 순환마디의 숫자는 4개이다.

$50=4\times12+2$이므로 소수점 아래 50번째 자리의 숫자는 순환마디의 2번째 숫자와 같은 5이다.

또, $100=4\times25$이므로 소수점 아래 100번째 자리의 숫자는 순환마디의 4번째 숫자와 같은 9이다.

따라서 구하는 두 수의 합은

$5+9=14$　답 ④

개념 04

| 본문 14쪽 |

(가) 소수　(나) 0

확인 7　답 해설 참조

(1) $0.\dot{1}\dot{7}=x$로 놓으면

$x=0.171717\cdots$　…… ㉠

㉠의 양변에 100을 곱하면

$\boxed{100}\,x=17.171717\cdots$　…… ㉡

㉡에서 ㉠을 변끼리 빼면

$\boxed{99}\,x=17$　$\therefore x=\boxed{\frac{17}{99}}$

(2) $0.4\dot{6}=x$로 놓으면

$x=0.4666\cdots$　…… ㉠

㉠의 양변에 10을 곱하면

$\boxed{10}\,x=4.666\cdots$　…… ㉡

㉠의 양변에 100을 곱하면

$\boxed{100}\,x=46.666\cdots$ …… ㉢

㉢에서 ㉡을 변끼리 빼면

$\boxed{90}\,x=42 \quad \therefore x=\frac{7}{\boxed{15}}$

확인 8 답 해설 참조

(1) $0.\dot{3}\dot{0}=\frac{30}{\boxed{99}}=\boxed{\frac{10}{33}}$

(2) $0.0\dot{2}\dot{5}=\frac{25}{\boxed{990}}=\boxed{\frac{5}{198}}$

(3) $1.6\dot{3}=\frac{163-\boxed{16}}{\boxed{90}}=\frac{147}{90}=\boxed{\frac{49}{30}}$

(4) $1.1\dot{4}\dot{8}=\frac{1148-\boxed{11}}{\boxed{990}}=\frac{1137}{990}=\boxed{\frac{379}{330}}$

기본 04-1 순환소수는 모두 분수로 나타낼 수 있다.

답 ×

응용 04-2 $x=0.801801801\cdots$ …… ㉠

$1000x=801.801801801\cdots$ …… ㉡

㉡에서 ㉠을 변끼리 빼면

$999x=801 \quad \therefore x=\frac{801}{999}=\frac{89}{111}$

따라서 가장 편리한 식은 ③이다. 답 ③

확장 04-3 ② 순환마디는 4이다.

④ 분수로 나타낼 때, 식 $1000x-100x$를 이용하면 편리하다.

⑤ 분수로 나타내면 $\frac{5214-521}{900}=\frac{4693}{900}$이다.

따라서 옳지 않은 것은 ②, ④, ⑤이다. 답 ②, ④, ⑤

개념 05

| 본문 16쪽 |

(가) 유리수 (나) 순환소수

확인 9 답 (1) ○ (2) × (3) × (4) × (5) ○

(2) 무한소수 중 순환소수는 유리수이다.

(3) 순환소수는 모두 유리수이다.

(4) 유리수 중 순환소수는 유한소수로 나타낼 수 없다.

확인 10 답 (1) < (2) > (3) < (4) >

(1) $0.\dot{4}=0.444\cdots$, $0.\dot{5}=0.555\cdots$이므로

$0.\dot{4}<0.\dot{5}$

(2) $0.\dot{2}\dot{1}=0.212121\cdots$, $0.\dot{2}\dot{0}=0.202020\cdots$이므로

$0.\dot{2}\dot{1}>0.\dot{2}\dot{0}$

(3) $0.\dot{1}\dot{3}=0.131313\cdots$, $0.1\dot{3}=0.1333\cdots$이므로

$0.\dot{1}\dot{3}<0.1\dot{3}$

(4) $0.4\dot{5}\dot{6}=0.4565656\cdots$, $0.\dot{4}5\dot{6}=0.456456456\cdots$이므로

$0.4\dot{5}\dot{6}>0.\dot{4}5\dot{6}$

기본 05-1 $0.\dot{6}\dot{0}=0.606060\cdots$, $0.\dot{6}=0.666\cdots$이므로 $0.\dot{6}\dot{0}<0.\dot{6}$이다.

답 ×

응용 05-2 $0.1\dot{7}=\frac{17-1}{90}=\frac{16}{90}=\frac{8}{45}$이므로

$x+\frac{8}{45}=\frac{17}{30}$에서

$x=\frac{17}{30}-\frac{8}{45}=\frac{51}{90}-\frac{16}{90}$

$=\frac{35}{90}=0.3\dot{8}$

답 ⑤

확장 05-3 $\frac{1}{11}<0.\dot{0}\dot{a}\times2<\frac{2}{9}$에서

$\frac{9}{99}<\frac{a}{99}\times2<\frac{22}{99}$, $\frac{9}{99}<\frac{2a}{99}<\frac{22}{99}$

$\therefore 9<2a<22$

따라서 한 자리 자연수 a의 값이 될 수 있는 수는 5, 6, 7, 8, 9이다. 답 ③, ④, ⑤

개념 03, 04, 05 마무리

| 본문 18~19쪽 |

01 ③ 02 9 03 ③ 04 120

TIP

01 순환마디 02 순환마디, 순환마디 03 9, 0

04 분수

01 $\frac{5}{11}=0.\dot{4}\dot{5}$이므로 순환마디는 45이다.

따라서 순환마디의 모든 숫자의 합은

$4+5=9$ 답 ③

02 $\frac{3}{22}=0.1\dot{3}\dot{6}$의 순환마디는 소수점 아래 둘째 자리에서 시작하고, 순환마디의 숫자는 2개이다.
$887=2\times443+1$이므로 소수점 아래 888번째 자리의 숫자는 순환마디의 1번째 숫자와 같은 3이다.
또, $998=2\times499$이므로 소수점 아래 999번째 자리의 숫자는 순환마디의 2번째 숫자와 같은 6이다.
따라서 $a=3$, $b=6$이므로
$a+b=3+6=9$

답 9

03 $0.2+0.06+0.006+0.0006+\cdots=0.2\dot{6}=\frac{26-2}{90}$
$=\frac{24}{90}=\frac{4}{15}$
따라서 $a=15$, $b=4$이므로
$a-b=15-4=11$

답 ③

04 $0.\dot{2}=A\times0.\dot{1}$에서
$\frac{2}{9}=A\times\frac{1}{9}$ $\therefore A=2$
$1.3\dot{5}=B\times0.0\dot{1}$에서
$\frac{135-13}{90}=B\times\frac{1}{90}$ $\therefore B=122$
$\therefore B-A=122-2=120$

답 120

중단원 마무리

| 본문 20~21쪽 |

01 ①, ②, ④	**02** ①, ③, ④, ⑤	**03** ②, ⑤
04 ②, ④, ⑤	**05** ③	**06** ②, ⑤
07 ①, ④, ⑤	**08** ②	**09** ④
10 ②, ③, ⑤	**11** ③	**12** ②, ③, ⑤
13 9개	**14** 52	**15** 98
16 $0.0\dot{3}$		

01 ①, ②, ④ 유한소수
③, ⑤ 무한소수

답 ①, ②, ④

02 ① $\frac{3}{2^2\times5}$에서 분모의 소인수가 2나 5뿐이므로 유한소수로 나타낼 수 있다.
② $\frac{18}{2\times3^3\times5}=\frac{1}{3\times5}$에서 분모의 소인수 중 2나 5 이외의 수 3이 있으므로 유한소수로 나타낼 수 없다.
③ $\frac{39}{2\times3\times5\times13}=\frac{1}{2\times5}$에서 분모의 소인수가 2나 5뿐이므로 유한소수로 나타낼 수 있다.
④ $\frac{7}{40}=\frac{7}{2^3\times5}$에서 분모의 소인수가 2나 5뿐이므로 유한소수로 나타낼 수 있다.
⑤ $\frac{81}{150}=\frac{27}{50}=\frac{27}{2\times5^2}$에서 분모의 소인수가 2나 5뿐이므로 유한소수로 나타낼 수 있다.
따라서 유한소수로 나타낼 수 있는 것은 ①, ③, ④, ⑤이다.

답 ①, ③, ④, ⑤

03 ① 2.7555⋯ ➡ 5
③ 1.261261261⋯ ➡ 261
④ 0.324324324⋯ ➡ 324
따라서 순환마디를 바르게 구한 것은 ②, ⑤이다.

답 ②, ⑤

04 $0.\dot{4}\dot{1}=0.414141\cdots$, $0.4\dot{8}=0.4888\cdots$이므로
① $0.4<0.\dot{4}\dot{1}$
② $0.\dot{4}=0.444\cdots$이므로 $0.\dot{4}\dot{1}<0.\dot{4}<0.4\dot{8}$
③ $0.4\dot{1}=0.4111\cdots$이므로 $0.4\dot{1}<0.\dot{4}\dot{1}$
④ $0.4\dot{6}=0.4666\cdots$이므로 $0.\dot{4}\dot{1}<0.4\dot{6}<0.4\dot{8}$
⑤ $0.\dot{4}\dot{8}=0.484848\cdots$이므로 $0.\dot{4}\dot{1}<0.\dot{4}\dot{8}<0.4\dot{8}$
따라서 $0.\dot{4}\dot{1}$보다 크고 $0.4\dot{8}$보다 작은 수는 ②, ④, ⑤이다.

답 ②, ④, ⑤

05 $\frac{10}{2}=5$(정수)이므로 주어진 수 중 정수가 아닌 유리수는 $-\frac{4}{9}$, 0.37의 2개이다.
$\therefore a=2$
또, 유리수는 100, $-\frac{4}{9}$, 0, $\frac{10}{2}$, 0.37의 5개이다.
$\therefore b=5$
$\therefore a+b=2+5=7$

답 ③

06 $\frac{7}{50}=\frac{7}{2\times5^{\boxed{2}}}=\frac{7\times\boxed{2}}{2\times5^2\times\boxed{2}}$
$=\frac{\boxed{14}}{100}=\boxed{0.14}$
① 2 ② 2 ③ 2 ④ 14 ⑤ 0.14
따라서 ①~⑤에 들어갈 수로 알맞지 않은 것은 ②, ⑤이다.

답 ②, ⑤

07 분수 $\frac{12}{x\times5^3}$가 유한소수로 나타내어지려면 기약분수로 나타내었을 때, 분모의 소인수가 2나 5뿐이어야 한다.
즉, x의 값은 2나 5를 인수로 갖거나 여기에 3을 곱한 수이어야 한다.
① $12=2^2\times3$ ② 13 ③ $14=2\times7$
④ $15=3\times5$ ⑤ $16=2^4$
따라서 x의 값이 될 수 있는 것은 ①, ④, ⑤이다.
답 ①, ④, ⑤

08 $\frac{4}{7}=0.\dot{5}7142\dot{8}$이므로 순환마디의 숫자는 6개이다.
이때 $100=6\times16+4$이므로 소수점 아래 100번째 자리의 숫자는 순환마디의 4번째 숫자와 같은 4이다. 답 ②

09 $1000x=315.151515\cdots$ ⋯⋯ ㉠
$10x=3.151515\cdots$ ⋯⋯ ㉡
㉡에서 ㉠을 변끼리 빼면
$990x=312$ $\therefore x=\frac{312}{990}=\frac{52}{165}$
따라서 가장 편리한 식은 ④이다. 답 ④

10 ② $0.\dot{2}\dot{3}=\frac{23}{99}$
③ $0.8\dot{1}=\frac{81-8}{90}=\frac{73}{90}$
④ $1.\dot{4}\dot{5}=\frac{145-1}{99}=\frac{144}{99}=\frac{16}{11}$
⑤ $0.\dot{3}6\dot{5}=\frac{365}{999}$
따라서 순환소수를 분수로 나타낸 것이 옳지 않은 것은 ②, ③, ⑤이다. 답 ②, ③, ⑤

11 $\frac{1}{5}<0.\dot{x}<\frac{2}{3}$에서 $\frac{1}{5}<\frac{x}{9}<\frac{2}{3}$
$\frac{9}{45}<\frac{5x}{45}<\frac{30}{45}$ $\therefore 9<5x<30$
즉, 한 자리 자연수 x의 값이 될 수 있는 수는 2, 3, 4, 5이다.
따라서 $a=5$, $b=2$이므로
$a-b=5-2=3$ 답 ③

12 ② 순환소수가 아닌 무한소수는 유리수가 아니다.
③ 유한소수는 모두 유리수이다.
⑤ 정수, 유한소수, 순환소수를 통틀어 유리수라 한다.
따라서 옳지 않은 것은 ②, ③, ⑤이다. 답 ②, ③, ⑤

13 $30=2\times3\times5$이므로 유한소수로 나타내어지려면 기약분수로 나타내었을 때, 분모의 소인수가 2나 5뿐이어야 한다.
즉, 분자는 3의 배수이어야 한다.
따라서 유한소수로 나타낼 수 있는 것은 $\frac{3}{30}$, $\frac{6}{30}$, $\frac{9}{30}$, $\frac{12}{30}$, $\frac{15}{30}$, $\frac{18}{30}$, $\frac{21}{30}$, $\frac{24}{30}$, $\frac{27}{30}$의 9개이다. 답 9개

14 $\frac{x}{140}=\frac{x}{2^2\times5\times7}$를 소수로 나타내면 유한소수가 되므로 x는 7의 배수이어야 하고, 기약분수로 나타내면 $\frac{3}{y}$이 되므로 x는 3의 배수이어야 한다.
즉, x는 7과 3의 공배수인 21의 배수이어야 하고 $40<x<50$이므로 $x=42$
이때 $\frac{42}{140}=\frac{3}{10}$이므로 $y=10$
$\therefore x+y=42+10=52$ 답 52

15 $\frac{9}{11}=0.818181\cdots$이므로
$\frac{9}{11}=\frac{8}{10}+\frac{1}{10^2}+\frac{8}{10^3}+\frac{1}{10^4}+\cdots$
따라서 $a_1=a_3=a_5=\cdots=a_{21}=8$,
$a_2=a_4=a_6=\cdots=a_{20}=1$이므로
$a_1+a_2+a_3+\cdots+a_{21}=8\times11+1\times10=98$ 답 98

16 $0.0\dot{3}=\frac{3}{90}=\frac{1}{30}$이고 세빈이는 분모를 잘못 보았으므로 처음 기약분수의 분자는 1이다.
$0.\dot{4}\dot{2}=\frac{42}{99}=\frac{14}{33}$이고 규현이는 분자를 잘못 보았으므로 처음 기약분수의 분모는 33이다.
따라서 처음 기약분수는 $\frac{1}{33}$이므로 순환소수로 바르게 나타내면 $\frac{1}{33}=0.\dot{0}\dot{3}$ 답 $0.\dot{0}\dot{3}$

대단원 핵심 한눈에 보기 | 본문 24쪽 |

01 (1) 0, 유리수 (2) ② 0
02 (1) 있다 (2) 없다
03 (2) 순환마디 (3) 순환마디
04 (1) 9, 0
05 (1) 순환소수 (2) 유리수

Ⅱ 식의 계산

1. 단항식의 계산

개념 01

| 본문 26쪽 |

(가) $m+n$ (나) mn

확인 1 답 (1) x^7 (2) y^{11} (3) a^9 (4) x^{12} (5) a^9 (6) b^{14}

(1) $x^2\times x^5=x^{2+5}=x^7$

(2) $y^3\times y^8=y^{3+8}=y^{11}$

(3) $a\times a^2\times a^6=a^{1+2+6}=a^9$

(4) $(x^2)^6=x^{2\times6}=x^{12}$

(5) $a^3\times(a^2)^3=a^3\times a^{2\times3}=a^3\times a^6=a^{3+6}=a^9$

(6) $(b^4)^3\times b^2=b^{4\times3}\times b^2=b^{12}\times b^2=b^{12+2}=b^{14}$

확인 2 답 (1) 2 (2) 6 (3) 4 (4) 9 (5) 3 (6) 6

(1) $x^{\square}\times x^4=x^6$에서 $x^{\square+4}=x^6$

따라서 $\square+4=6$이므로 $\square=2$

(2) $a^3\times a^{\square}=a^9$에서 $a^{3+\square}=a^9$

따라서 $3+\square=9$이므로 $\square=6$

(3) $2^2\times2^4\times2^{\square}=2^{10}$에서 $2^{2+4+\square}=2^{10}$

따라서 $2+4+\square=10$이므로 $\square=4$

(4) $(x^2)^{\square}=x^{18}$에서 $x^{2\times\square}=x^{18}$

따라서 $2\times\square=18$이므로 $\square=9$

(5) $(a^{\square})^5=a^{15}$에서 $a^{\square\times5}=a^{15}$

따라서 $\square\times5=15$이므로 $\square=3$

(6) $(b^{\square})^4\times b=b^{25}$에서 $b^{\square\times4}\times b=b^{25}$

$b^{\square\times4+1}=b^{25}$

따라서 $\square\times4+1=25$이므로 $\square\times4=24$

$\therefore \square=6$

기본 01-1 같은 수의 곱셈은 다음과 같이 계산한다.

➡ $\underbrace{3^4\times3^4\times3^4\times\cdots\times3^4}_{n\text{개}}=(3^4)^n=3^{4n}$ 답 ×

응용 01-2 $2^{x+3}=2^x\times2^3=2^x\times8$

따라서 $\square$ 안에 알맞은 수는 2^3 또는 8이다. 답 ②, ④

확장 01-3 $3^x=A$이므로

$27^x=(3^3)^x=3^{3x}$

$=(3^x)^3=A^3$ 답 ③

개념 02

| 본문 28쪽 |

(가) $m-n$ (나) $n-m$ (다) n (라) n

확인 3 답 (1) 5^2 (2) 1 (3) $\frac{1}{a^4}$ (4) a^4b^6 (5) $\frac{a^8}{16}$ (6) $-\frac{y^3}{x^{12}}$

(1) $5^4\div5^2=5^{4-2}=5^2$

(2) $x^6\div x^6=1$

(3) $a^3\div a^7=\frac{1}{a^{7-3}}=\frac{1}{a^4}$

(4) $(a^2b^3)^2=a^{2\times2}b^{3\times2}=a^4b^6$

(5) $\left(\frac{a^2}{2}\right)^4=\frac{a^{2\times4}}{2^4}=\frac{a^8}{16}$

(6) $\left(-\frac{y}{x^4}\right)^3=-\frac{y^{1\times3}}{x^{4\times3}}=-\frac{y^3}{x^{12}}$

확인 4 답 (1) 4 (2) 7 (3) 9 (4) 3 (5) 2 (6) 3

(1) $x^{\square}\div x^3=x$에서

$\square-3=1$ $\therefore \square=4$

(2) $y^2\div y^{\square}=\frac{1}{y^5}$에서

$\square-2=5$ $\therefore \square=7$

(3) $b^9\div b^{\square}=1$에서

$\square=9$

(4) $3^{10}\div3^5\div3^{\square}=3^2$에서 $3^{10-5}\div3^{\square}=3^2$

$3^5\div3^{\square}=3^2$

따라서 $5-\square=2$이므로 $\square=3$

(5) $(-a^3b^{\square})^4=a^{12}b^8$에서 $a^{3\times4}b^{\square\times4}=a^{12}b^8$

따라서 $\square\times4=8$이므로 $\square=2$

(6) $\left(\frac{y^2}{x^5}\right)^{\square}=\frac{y^6}{x^{15}}$에서 $\frac{y^{2\times\square}}{x^{5\times\square}}=\frac{y^6}{x^{15}}$

따라서 $2\times\square=6$, $5\times\square=15$이므로 $\square=3$

기본 02-1 m, n이 자연수일 때, $6^m\div6^n$의 값은 m, n의 대소 관계에 따라 다음과 같다.

(i) $m>n$이면 $6^m \div 6^n = 6^{m-n}$
(ii) $m=n$이면 $6^m \div 6^n = 1$
(iii) $m<n$이면 $6^m \div 6^n = \frac{1}{6^{n-m}}$ 답 ×

응용 **02-2** $2^5 \div 2^a = 4$에서 $2^5 \div 2^a = 2^2$
이때 $5-a=2$이므로 $a=3$
$3^b \div 3^7 = \frac{1}{81}$에서 $3^b \div 3^7 = \frac{1}{3^4}$
이때 $7-b=4$이므로 $b=3$
$\therefore a+b=3+3=6$ 답 ③

확장 **02-3** $2^{15} \times 5^{12} = 2^3 \times 2^{12} \times 5^{12}$
$= 2^3 \times (2\times 5)^{12}$
$= 8 \times 10^{12}$
따라서 $2^{15} \times 5^{12}$은 13자리 수이므로
$n=13$ 답 ③

개념 01, 02 마무리 | 본문 30~31쪽 |

01 ③, ④ **02** ④, ⑤ **03** 39 **04** ②, ③

TIP
01 $m+n$, n **02** mn, m **03** n, n
04 $n+1$, $n+2$, $n+3$

01 $2^4 \times (2+2+2+2) = 2^4 \times (4\times 2)$
$= 2^4 \times 2^2 \times 2$
$= 2^{4+2+1}$
$= 2^7 = 128$ 답 ③, ④

02 $2^x = A$이므로
$4^{x+1} = 4^x \times 4 = (2^2)^x \times 4$
$= 2^{2x} \times 4 = (2^x)^2 \times 4$
$= A^2 \times 4 = 4A^2$
$= (2A)^2$ 답 ④, ⑤

03 $(x^a y^b z^c)^d = x^{24} y^{32} z^{18}$에서
$x^{ad} y^{bd} z^{cd} = x^{24} y^{32} z^{18}$
이때 d의 값이 될 수 있는 가장 큰 자연수는 24, 32, 18의 최대공약수이므로
$d=2$
$d=2$를 $x^{ad} y^{bd} z^{cd} = x^{24} y^{32} z^{18}$에 대입하면
$x^{2a} y^{2b} z^{2c} = x^{24} y^{32} z^{18}$
따라서 $2a=24$, $2b=32$, $2c=18$이므로
$a=12$, $b=16$, $c=9$
$\therefore a+b+c+d = 12+16+9+2$
$= 39$ 답 39

04 $3\times 2^4 \times 5^{\square}$이 여섯 자리 수가 되려면 (두 자리 수)$\times 10^4$ 꼴로 나타낼 수 있어야 한다.
(i) □$=4$일 때
$3\times 2^4 \times 5^4 = 3\times (2^4 \times 5^4)$
$= 3\times 10^4$
즉, 다섯 자리 수이다.
(ii) □$=5$일 때
$3\times 2^4 \times 5^5 = 3\times 2^4 \times 5^4 \times 5 = 3\times 5 \times (2^4 \times 5^4)$
$= 15 \times 10^4$
즉, 여섯 자리 수이다.
(iii) □$=6$일 때
$3\times 2^4 \times 5^6 = 3\times 2^4 \times 5^4 \times 5^2 = 3\times 5^2 \times (2^4 \times 5^4)$
$= 75 \times 10^4$
즉, 여섯 자리 수이다.
(iv) □$=7$일 때
$3\times 2^4 \times 5^7 = 3\times 2^4 \times 5^4 \times 5^3 = 3\times 5^3 \times (2^4 \times 5^4)$
$= 375 \times 10^4$
즉, 일곱 자리 수이다.
(v) □ 안의 수가 8 이상이면 $3\times 2^4 \times 5^{\square}$의 자릿수는 7 이상이다.
(i)~(v)에서 □ 안에 알맞은 자연수는 5, 6이다. 답 ②, ③

개념 03 | 본문 32쪽 |

(가) 지수법칙 (나) 역수

확인 5 답 (1) $8a^5b^2$ (2) $-6x^5y^4$ (3) $10a^5b^5$ (4) $-7x^2$

(1) $2a^3 \times 4a^2b^2 = (2\times 4)\times (a^3 \times a^2) \times b^2$
$= 8a^5b^2$

(2) $\frac{2}{3}x^4y^2\times(-9xy^2)$

$=\left\{\frac{2}{3}\times(-9)\right\}\times(x^4\times x)\times(y^2\times y^2)$

$=-6x^5y^4$

(3) $(-a^2)\times 2ab^2\times(-5a^2b^3)$

$=\{(-1)\times 2\times(-5)\}\times(a^2\times a\times a^2)\times(b^2\times b^3)$

$=10a^5b^5$

(4) $7x^2y\times(-4x^2y^3)\times\left(-\frac{1}{2xy^2}\right)^2$

$=7x^2y\times(-4x^2y^3)\times\frac{1}{4x^2y^4}$

$=\left\{7\times(-4)\times\frac{1}{4}\right\}\times\left(x^2\times x^2\times\frac{1}{x^2}\right)\times\left(y\times y^3\times\frac{1}{y^4}\right)$

$=-7x^2$

확인 6 답 (1) $3a^2b$ (2) $-\frac{3}{2}xy^2$ (3) $\frac{16x}{y}$ (4) $-8a^8b^2$

(1) $6a^3b^2\div 2ab=\frac{6a^3b^2}{2ab}$

$=3a^2b$

(2) $27x^3y^6\div(-18x^2y^4)=\frac{27x^3y^6}{-18x^2y^4}$

$=-\frac{3}{2}xy^2$

(3) $(-2x^3y)^2\div\frac{1}{4}x^5y^3=4x^6y^2\times\frac{4}{x^5y^3}$

$=\frac{16x}{y}$

(4) $56a^4b^2\div\left(-\frac{1}{a^2b}\right)^3\div 7a^2b^3=56a^4b^2\div\left(-\frac{1}{a^6b^3}\right)\div 7a^2b^3$

$=56a^4b^2\times(-a^6b^3)\times\frac{1}{7a^2b^3}$

$=-8a^8b^2$

기본 03-1 $(-4xy^3)\div\frac{4}{5}x^2y$를 나누는 식의 역수를 곱하는 방법으로 계산하면

$(-4xy^3)\div\frac{4}{5}x^2y=(-4xy^3)\times\frac{5}{4x^2y}$

$=-\frac{5y^2}{x}$ 답 ×

응용 03-2 ① $2x^2y\times(-x^2y)=-2x^4y^2$

② $\frac{1}{2}ab^2\times 4a^2b=2a^3b^3$

④ $(-12x^3y^2)\div(-3x^2y)=\frac{-12x^3y^2}{-3x^2y}$

$=4xy$

⑤ $2a^4b^5\div\left(-\frac{1}{3ab^2}\right)^2=2a^4b^5\div\frac{1}{9a^2b^4}$

$=2a^4b^5\times 9a^2b^4$

$=18a^6b^9$

따라서 계산 결과가 옳은 것은 ③, ⑤이다. 답 ③, ⑤

확장 03-3 직육면체의 높이를 □라 하면

$3ab^2\times 5b\times\square=24a^2b^5$

$15ab^3\times\square=24a^2b^5$

$\therefore\ \square=24a^2b^5\times\frac{1}{15ab^3}$

$=\frac{8}{5}ab^2$ 답 ⑤

개념 04

| 본문 34쪽 |

(가) 역수 (나) $\frac{AC}{B}$

확인 7 답 해설 참조

(1) $2a^2b\times(-4a^3)\div 8ab$

$=2a^2b\times(-4a^3)\times\boxed{\frac{1}{8ab}}$

$=\left\{2\times(-4)\times\boxed{\frac{1}{8}}\right\}\times\left(a^2\times a^3\times\boxed{\frac{1}{a}}\right)\times\left(b\times\frac{1}{b}\right)$

$=\boxed{-a^4}$

(2) $18x^3y^4\div 3xy^2\times(-2xy^4)$

$=18x^3y^4\times\boxed{\frac{1}{3xy^2}}\times(-2xy^4)$

$=\left\{18\times\boxed{\frac{1}{3}}\times(-2)\right\}\times\left(x^3\times\boxed{\frac{1}{x}}\times x\right)\times\left(y^4\times\boxed{\frac{1}{y^2}}\times y^4\right)$

$=\boxed{-12x^3y^6}$

확인 8 답 (1) $-12x^6$ (2) $\frac{5}{3}a^3$ (3) a^5b^3 (4) $\frac{3}{4}xy^5$

(1) $4x^5\div(-x^2)\times 3x^3=4x^5\times\left(-\frac{1}{x^2}\right)\times 3x^3$

$=-12x^6$

(2) $(-a^3)^2\times5a^4\div3a^7=a^6\times5a^4\div3a^7$

$=a^6\times5a^4\times\frac{1}{3a^7}$

$=\frac{5}{3}a^3$

(3) $6a^4b^5\times(-a^2b)\div(-6ab^3)$

$=6a^4b^5\times(-a^2b)\times\left(-\frac{1}{6ab^3}\right)$

$=a^5b^3$

(4) $(-3xy^4)\div(-4x^6y^3)\times(-x^3y^2)^2$

$=(-3xy^4)\div(-4x^6y^3)\times x^6y^4$

$=(-3xy^4)\times\left(-\frac{1}{4x^6y^3}\right)\times x^6y^4$

$=\frac{3}{4}xy^5$

기본 **04-1** $A\div B\times C=A\times\frac{1}{B}\times C=\left(A\times\frac{1}{B}\right)\times C$

$=\frac{A}{B}\times C=\frac{AC}{B}$

$A\div B\times C=A\times\frac{1}{B}\times C=A\times\left(\frac{1}{B}\times C\right)$

$=A\times\frac{C}{B}=\frac{AC}{B}$

즉, 단항식의 곱셈과 나눗셈이 혼합되어 있는 식은 앞에서부터 차례로 계산해야 하는 게 원칙이지만 위와 같이 나눗셈을 곱셈으로 바꾼 후에는 곱셈의 교환법칙을 이용하여 곱셈의 순서를 바꾸어 계산해도 된다. 답 ○

응용 **04-2** $\square\times(-2x^2y^3)^3\div2x^3y^2=4x^5y^8$에서

$\square\times(-8x^6y^9)\div2x^3y^2=4x^5y^8$

$\square\times(-8x^6y^9)\times\frac{1}{2x^3y^2}=4x^5y^8$

$\square\times(-4x^3y^7)=4x^5y^8$

$\therefore\square=4x^5y^8\times\left(-\frac{1}{4x^3y^7}\right)$

$=-x^2y$ 답 ③

확장 **04-3** $(-3x^a)^b=-27x^6$에서

$(-3)^bx^{ab}=-27x^6$

$\therefore(-3)^b=-27,\ ab=6$

$(-3)^b=-27$에서 $(-3)^b=(-3)^3$

$\therefore b=3$

$b=3$을 $ab=6$에 대입하면

$3a=6\quad\therefore a=2$

$\therefore(-6a^4b^2)^2\div6a^3b^3\div(-2a)^3$

$=36a^8b^4\div6a^3b^3\div(-8a^3)$

$=36a^8b^4\times\frac{1}{6a^3b^3}\times\left(-\frac{1}{8a^3}\right)$

$=-\frac{3}{4}a^2b$

$a=2,\ b=3$을 위의 식에 대입하면

$-\frac{3}{4}a^2b=-\frac{3}{4}\times2^2\times3=-9$ 답 ①

개념 03, 04 마무리

| 본문 36~37쪽 |

01 ④ 02 ② 03 $63x^3y^5$ 04 ①

TIP
01 지수법칙 02 역수 03 $A\div B$
04 $A\times B\div C$

01 $(-3x^2y^3)^A\times2x^By=Cx^7y^7$에서

$(-3)^A\times2\times x^{2A+B}y^{3A+1}=Cx^7y^7$

$\therefore(-3)^A\times2=C,\ 2A+B=7,\ 3A+1=7$

$3A+1=7$에서 $3A=6\quad\therefore A=2$

$A=2$를 $2A+B=7$에 대입하면

$4+B=7\quad\therefore B=3$

$A=2$를 $(-3)^A\times2=C$에 대입하면

$C=(-3)^2\times2=18$

$\therefore A-B+C=2-3+18=17$ 답 ④

02 $(-2x^3y)^2\div\frac{1}{6}x^2y^2z\div(-3xy^3z)$

$=4x^6y^2\div\frac{1}{6}x^2y^2z\div(-3xy^3z)$

$=4x^6y^2\times\frac{6}{x^2y^2z}\times\left(-\frac{1}{3xy^3z}\right)$

$=-\frac{8x^3}{y^3z^2}$ 답 ②

03 어떤 단항식을 $\square$라 하면

$-21x^2y^3\div\square=7xy$

$\therefore\square=-21x^2y^3\div7xy$

$=\frac{-21x^2y^3}{7xy}=-3xy^2$

따라서 바르게 계산하면

$-21x^2y^3\times(-3xy^2)=63x^3y^5$ 답 $63x^3y^5$

04 $-12a^5b^3\times(3ab^2)^2\div\square=4a^2b^3$에서

$-12a^5b^3\times 9a^2b^4\div\square=4a^2b^3$

$-108a^7b^7\div\square=4a^2b^3$

$\therefore \square=-108a^7b^7\div 4a^2b^3$

$=\dfrac{-108a^7b^7}{4a^2b^3}=-27a^5b^4$ 답 ①

중단원 마무리

| 본문 38~39쪽 |

01 ①, ②, ④	**02** ④	**03** ①
04 ②	**05** ③	**06** ②
07 ④, ⑤	**08** ⑤	**09** ②, ⑤
10 ①	**11** ①	**12** ④
13 8	**14** 0	**15** $-\dfrac{15}{2}x^2y^{10}$
16 -3		

01 ① $(a^4)^3=a^{4\times 3}=a^{12}$

② $a^7\times a^5=a^{7+5}=a^{12}$

③ $a^{24}\div a^2=a^{24-2}=a^{22}$

④ $a\times a^3\times a^8=a^{1+3+8}=a^{12}$

⑤ $(a^2)^3\div a^2\div a^4=a^{2\times 3}\div a^2\div a^4=a^6\div a^2\div a^4$

$=a^{6-2}\div a^4=a^4\div a^4=1$

따라서 계산 결과가 같은 것은 ①, ②, ④이다. 답 ①, ②, ④

02 $\left(-\dfrac{x^3y^b}{x^ay^8}\right)^2=\dfrac{x^4}{y^6}$에서 $\dfrac{x^6y^{2b}}{x^{2a}y^{16}}=\dfrac{x^4}{y^6}$

$\therefore 6-2a=4,\ 16-2b=6$

$6-2a=4$에서 $-2a=-2$ $\quad\therefore a=1$

$16-2b=6$에서 $-2b=-10$ $\quad\therefore b=5$

$\therefore a+b=1+5=6$ 답 ④

03 $\dfrac{3}{8}x^4y^3\div\dfrac{5}{4}xy^2=\dfrac{3}{8}x^4y^3\times\dfrac{4}{5xy^2}=\dfrac{3}{10}x^3y$ 답 ①

04 $(9x^2y^4)^2\times(-xy^2)^3\div\left(\dfrac{3}{4}xy^5\right)^2$

$=81x^4y^8\times(-x^3y^6)\div\dfrac{9}{16}x^2y^{10}$

$=81x^4y^8\times(-x^3y^6)\times\dfrac{16}{9x^2y^{10}}$

$=-144x^5y^4$ 답 ②

05 $3^3+3^3+3^3=3\times 3^3=3^{1+3}=3^4$ $\quad\therefore a=4$

$5^3\times 5^3\times 5^3=5^{3+3+3}=5^9$ $\quad\therefore b=9$

$\{(7^4)^3\}^2=7^{4\times 3\times 2}=7^{24}$ $\quad\therefore c=24$

$\therefore c-a-b=24-4-9=11$ 답 ③

06 $2^5=A$이므로

$8^5=(2^3)^5=2^{15}=(2^5)^3=A^3$

$4^{15}=(2^2)^{15}=2^{30}=(2^5)^6=A^6$ 답 ②

07 $\left[\left\{\left(-\dfrac{a^2}{2}\right)^2\right\}^2\right]^2=\left\{\left(\dfrac{a^4}{2^2}\right)^2\right\}^2=\left(\dfrac{a^8}{2^4}\right)^2$

$=\dfrac{a^{16}}{2^8}=\dfrac{a^{16}}{256}$ 답 ④, ⑤

08 $4^9\times 5^{21}=(2^2)^9\times 5^{21}$

$=2^{18}\times 5^{21}$

$=2^{18}\times 5^{18}\times 5^3$

$=(2^{18}\times 5^{18})\times 5^3$

$=10^{18}\times 125$

따라서 $4^9\times 5^{21}$은 21자리 수이므로 $n=21$ 답 ⑤

09 ① $2x\times(-7y^2)=-14xy^2$

② $(3x)^2\div 5xy^2=9x^2\div 5xy^2=\dfrac{9x^2}{5xy^2}=\dfrac{9x}{5y^2}$

③ $-16ab\div 8b=\dfrac{-16ab}{8b}=-2a$

④ $(-2m)^2\times 6n=4m^2\times 6n=24m^2n$

⑤ $(3a^2b)^3\times(-ab^2)^3=27a^6b^3\times(-a^3b^6)=-27a^9b^9$

따라서 옳은 것은 ②, ⑤이다. 답 ②, ⑤

10 $(-5x^3y)^2\div\dfrac{1}{25}x^2y^2z\div(-125xy^2z^3)$

$=25x^6y^2\div\dfrac{1}{25}x^2y^2z\div(-125xy^2z^3)$

$=25x^6y^2\times\dfrac{25}{x^2y^2z}\times\left(-\dfrac{1}{125xy^2z^3}\right)$

$=-\dfrac{5x^3}{y^2z^4}$ 답 ①

11 원기둥의 밑면인 원의 반지름의 길이를 $\square$라 하면

$(\pi\times\square^2)\times 3h=48a^2b^4h\pi$

$3h\pi\times\square^2=48a^2b^4h\pi$

$\square^2=48a^2b^4h\pi\times\dfrac{1}{3h\pi}=16a^2b^4$

이때 반지름의 길이는 양수이고 a, b도 양수이므로

$\square=4ab^2$ 답 ①

12 $(-6a^3b^4)^2\times(2a^5b^3)^2\div\square=24a^9b^6$에서

$36a^6b^8\times4a^{10}b^6\div\square=24a^9b^6$

$144a^{16}b^{14}\div\square=24a^9b^6$

$\therefore \square=144a^{16}b^{14}\div24a^9b^6$

$=\dfrac{144a^{16}b^{14}}{24a^9b^6}=6a^7b^8$ 답 ④

13 $16^{x+2}=(2^4)^{x+2}=2^{4x+8}=2^{24}$에서

$4x+8=24,\ 4x=16$

$\therefore x=4$

$x=4$를 $16^x\times4^y=2^{24}$에 대입하면

$16^4\times4^y=2^{24},\ (2^4)^4\times(2^2)^y=2^{24}$

$2^{16+2y}=2^{24}$

즉, $16+2y=24$이므로

$2y=8 \quad \therefore y=4$

$\therefore x+y=4+4=8$ 답 8

14 n이 자연수이므로 $2n$은 짝수, $2n+1$은 홀수이다.

$\therefore a^{2n}+(-a)^{2n+1}+a^{2n+1}-(-a)^{2n}$

$=a^{2n}-a^{2n+1}+a^{2n+1}-a^{2n}$

$=0$ 답 0

15 어떤 단항식을 $\square$라 하면

$15x^4y^7\times\square=-30x^6y^4$

$\therefore \square=-30x^6y^4\times\dfrac{1}{15x^4y^7}$

$=-\dfrac{2x^2}{y^3}$

따라서 바르게 계산하면

$15x^4y^7\div\left(-\dfrac{2x^2}{y^3}\right)=15x^4y^7\times\left(-\dfrac{y^3}{2x^2}\right)$

$=-\dfrac{15}{2}x^2y^{10}$ 답 $-\dfrac{15}{2}x^2y^{10}$

16 $x^4y^3\times\left(-\dfrac{y}{x^3}\right)\div\dfrac{1}{3}x^ay^b\times(-3x^3y^5)^3=81x^3y^9$에서

$x^4y^3\times\left(-\dfrac{y}{x^3}\right)\div\dfrac{1}{3}x^ay^b\times(-27x^9y^{15})=81x^3y^9$

$x^4y^3\times\left(-\dfrac{y}{x^3}\right)\times\dfrac{3}{x^ay^b}\times(-27x^9y^{15})=81x^3y^9$

$81x^{10}y^{19}\times\dfrac{1}{x^ay^b}=81x^3y^9$

이때 $10-a=3,\ 19-b=9$이므로

$a=7,\ b=10$

$\therefore a-b=7-10=-3$ 답 -3

2. 다항식의 계산

개념 05

| 본문 40쪽 |

(가) 동류항 (나) 바꾸어

확인 9 답 (1) $3x-9y$ (2) $-x-2y+1$ (3) $8a-11b$ (4) $-5a+3b+4$

(1) $(-x+y)+(4x-10y)=-x+y+4x-10y$

$=3x-9y$

(2) $(2x-7y)+(-3x+5y+1)=2x-7y-3x+5y+1$

$=-x-2y+1$

(3) $(5a-3b)-(-3a+8b)=5a-3b+3a-8b$

$=8a-11b$

(4) $(-4a+5b-2)-(a+2b-6)$

$=-4a+5b-2-a-2b+6$

$=-5a+3b+4$

확인 10 답 (1) $-a-4b$ (2) $-3a-b+8$

(1) $2a-\{4a-b-(a-5b)\}$

$=2a-(4a-b-a+5b)$

$=2a-(3a+4b)$

$=2a-3a-4b$

$=-a-4b$

(2) $b-[5a-\{8-(a+2b)+3a\}]$

$=b-\{5a-(8-a-2b+3a)\}$

$=b-\{5a-(2a-2b+8)\}$

$=b-(5a-2a+2b-8)$

$=b-(3a+2b-8)$

$=b-3a-2b+8$

$=-3a-b+8$

기본 05-1 x^2과 y^2은 차수는 같지만 문자가 다르므로 동류항이 아니다.

따라서 x^2+y^2은 더 이상 계산할 수 없다. 답 ×

응용 05-2 $\dfrac{x-y}{4}-\dfrac{5x-y}{3}=\dfrac{3(x-y)}{12}-\dfrac{4(5x-y)}{12}$

$=\dfrac{3x-3y}{12}-\dfrac{20x-4y}{12}$

$=\dfrac{-17x+y}{12}$ 답 ②

확장 05-3 $5x-[3x+7-\{2(x-y+1)+x-4y\}]$

$=5x-\{3x+7-(2x-2y+2+x-4y)\}$

$=5x-\{3x+7-(3x-6y+2)\}$

$=5x-(3x+7-3x+6y-2)$

$=5x-(6y+5)$

$=5x-6y-5$

따라서 $a=5$, $b=-6$, $c=-5$이므로

$a+b+c=5+(-6)+(-5)$

$=-6$

답 ③

개념 06

| 본문 42쪽 |

(가) 2 (나) 동류항

확인 11 답 (1) × (2) × (3) ○ (4) × (5) × (6) ○

(1) $2x-9$는 일차식이다.

(2) $x+5y-1$은 일차식이다.

(4) $\frac{7}{x^2}-\frac{2}{x}-3$은 x가 분모에 있으므로 이차식이 아니다.

(5) $\frac{x}{3}-\frac{y}{5}+8$은 일차식이다.

확인 12 답 (1) $5x^2+3x-12$ (2) $7x^2-x-8$ (3) $6x^2-12x-4$ (4) $3x^2+4x+9$

(1) $(2x^2-x)+(3x^2+4x-12)$

$=2x^2-x+3x^2+4x-12$

$=5x^2+3x-12$

(2) $(3x^2-2x-5)+(4x^2+x-3)$

$=3x^2-2x-5+4x^2+x-3$

$=7x^2-x-8$

(3) $(7x^2-3x+2)-(x^2+9x+6)$

$=7x^2-3x+2-x^2-9x-6$

$=6x^2-12x-4$

(4) $(5x^2-2x+8)-(2x^2-6x-1)$

$=5x^2-2x+8-2x^2+6x+1$

$=3x^2+4x+9$

기본 06-1 $x^2+3x-(x^2-4)=x^2+3x-x^2+4=3x+4$

이므로 주어진 다항식을 간단히 하면 x에 대한 차수가 1이 된다.

따라서 주어진 다항식은 x에 대한 일차식이다.

답 ×

응용 06-2 ① $3x-4y+1$은 일차식이다.

③ $\frac{3}{x^2}+\frac{5}{x}-6$은 x가 분모에 있으므로 이차식이 아니다.

④ $8x^2-4x-(x^2+1)=8x^2-4x-x^2-1$

$=7x^2-4x-1$

이므로 이차식이다.

⑤ $3(x^2+2x)-(3x^2+2)-5=3x^2+6x-3x^2-2-5$

$=6x-7$

이므로 일차식이다.

따라서 이차식인 것은 ②, ④이다.

답 ②, ④

확장 06-3 $4x^2-[2(3x^2-1)-\{3x^2-(2x^2+x-3)\}]$

$=4x^2-\{6x^2-2-(3x^2-2x^2-x+3)\}$

$=4x^2-\{6x^2-2-(x^2-x+3)\}$

$=4x^2-(6x^2-2-x^2+x-3)$

$=4x^2-(5x^2+x-5)$

$=4x^2-5x^2-x+5$

$=-x^2-x+5$

따라서 $a=-1$, $b=-1$, $c=5$이므로

$a+b+c=(-1)+(-1)+5=3$

답 ②

개념 05, 06 마무리

| 본문 44~45쪽 |

01 ④ 02 ⑤ 03 ①, ②, ⑤ 04 12

TIP

01 동류항 02 분배법칙 03 이차식, 동류항

04 소, 대

01 $\left(\frac{3}{2}x-\frac{1}{2}y\right)+\left(\frac{1}{2}x-\frac{5}{3}y\right)$

$=\frac{3}{2}x-\frac{1}{2}y+\frac{1}{2}x-\frac{5}{3}y$

$=\frac{3}{2}x+\frac{1}{2}x-\frac{1}{2}y-\frac{5}{3}y$

$=\left(\frac{3}{2}+\frac{1}{2}\right)x+\left(-\frac{1}{2}-\frac{5}{3}\right)y$

$=2x+\left(-\frac{3}{6}-\frac{10}{6}\right)y$

$=2x-\frac{13}{6}y$

답 ④

02 $(-4x+2y-7)+\square=-x+6y-3$에서

$\square=-x+6y-3-(-4x+2y-7)$
$=-x+6y-3+4x-2y+7$
$=3x+4y+4$

답 ⑤

03 $3x^2-8x-(4x^2-5x+2)=3x^2-8x-4x^2+5x-2$
$=-x^2-3x-2$

③ x^2의 계수는 -1이다.

④ x의 계수는 -3이다.

따라서 옳은 것은 ①, ②, ⑤이다.

답 ①, ②, ⑤

04 $7x^2-5x-[3x^2-4x-\{2x^2-(x^2-2x+6)\}]$
$=7x^2-5x-\{3x^2-4x-(2x^2-x^2+2x-6)\}$
$=7x^2-5x-\{3x^2-4x-(x^2+2x-6)\}$
$=7x^2-5x-(3x^2-4x-x^2-2x+6)$
$=7x^2-5x-(2x^2-6x+6)$
$=7x^2-5x-2x^2+6x-6$
$=5x^2+x-6$

따라서 $a=5$, $b=1$, $c=-6$이므로

$a+b-c=5+1-(-6)=12$

답 12

개념 07

| 본문 46쪽 |

(가) 분배법칙 (나) 전개 (다) 역수

확인 13 답 (1) $6a^2+10ab$ (2) $3x^3-6x^2y+18x^2$
(3) $-5a^2-20ab+10a$ (4) $-6x^3+4x^2+x$

(1) $2a(3a+5b)=2a\times 3a+2a\times 5b$
$=6a^2+10ab$

(2) $3x^2(x-2y+6)=3x^2\times x-3x^2\times 2y+3x^2\times 6$
$=3x^3-6x^2y+18x^2$

(3) $(a+4b-2)\times(-5a)$
$=a\times(-5a)+4b\times(-5a)-2\times(-5a)$
$=-5a^2-20ab+10a$

(4) $(12x^2-8x-2)\times\left(-\frac{1}{2}x\right)$
$=12x^2\times\left(-\frac{1}{2}x\right)-8x\times\left(-\frac{1}{2}x\right)-2\times\left(-\frac{1}{2}x\right)$
$=-6x^3+4x^2+x$

확인 14 답 (1) $3a+2b$ (2) $-7y^2+5x$
(3) $-6a^2b^5+10a^2b^4$ (4) $-9x^7y^6+15x^4y^7$

(1) $(9a^2b+6ab^2)\div 3ab=\frac{9a^2b+6ab^2}{3ab}$
$=3a+2b$

(2) $(28x^2y^3-20x^3y)\div(-4x^2y)=\frac{28x^2y^3-20x^3y}{-4x^2y}$
$=-7y^2+5x$

(3) $(3ab^3-5ab^2)\div\left(-\frac{1}{2ab^2}\right)$
$=(3ab^3-5ab^2)\times(-2ab^2)$
$=-6a^2b^5+10a^2b^4$

(4) $(15x^5y^3-25x^2y^4)\div\left(-\frac{5}{3x^2y^3}\right)$
$=(15x^5y^3-25x^2y^4)\times\left(-\frac{3x^2y^3}{5}\right)$
$=-9x^7y^6+15x^4y^7$

기본 07-1 다항식의 덧셈과 뺄셈은 동류항끼리 모아서 계산하지만 다항식의 곱셈과 나눗셈은 동류항이 아니더라도 계산할 수 있다. 즉,

$2x^2\times(3x^2+x-1)=2x^2\times 3x^2+2x^2\times x-2x^2\times 1$
$=6x^4+2x^3-2x^2$

답 ×

응용 07-2 $(3x^3y-9x^2y^2+15xy^3)\times\left(-\frac{1}{3xy}\right)$
$=3x^3y\times\left(-\frac{1}{3xy}\right)-9x^2y^2\times\left(-\frac{1}{3xy}\right)+15xy^3\times\left(-\frac{1}{3xy}\right)$
$=-x^2+3xy-5y^2$

답 ③

확장 07-3 $A\div\left(-\frac{2}{7}x\right)=-7y^2-21y+14x$이므로

$A=(-7y^2-21y+14x)\times\left(-\frac{2}{7}x\right)$
$=2xy^2+6xy-4x^2$

답 ⑤

개념 08

| 본문 48쪽 |

(가) 지수법칙 (나) 나눗셈 (다) 뺄셈

확인 15 답 해설 참조

(1) $4x^3y^2\times(x^2y-8xy^3)\div(-2x^2y)^2$

$=4x^3y^2\times(x^2y-8xy^3)\div\boxed{4x^4y^2}$

$=(4x^5y^3-\boxed{32x^4y^5})\times\dfrac{1}{\boxed{4x^4y^2}}$

$=xy-\boxed{8y^3}$

(2) $x(3x+1)+(x^3y-4x^2y)\div xy$

$=x(3x+1)+\dfrac{x^3y-4x^2y}{\boxed{xy}}$

$=3x^2+\boxed{x}+x^2-\boxed{4x}$

$=4x^2-\boxed{3x}$

확인 16 답 (1) $\frac{13}{3}x+\frac{3}{2}y$ (2) $7x^2y-11xy^2$

(1) $(6x^2y+7xy^2)\div 2xy-(6xy-4x^2)\div 3x$

$=(6x^2y+7xy^2)\times\dfrac{1}{2xy}-(6xy-4x^2)\times\dfrac{1}{3x}$

$=3x+\dfrac{7}{2}y-2y+\dfrac{4}{3}x$

$=\dfrac{13}{3}x+\dfrac{3}{2}y$

(2) $(2x-3y)\times 3xy+(9x^4y^3-18x^3y^4)\div(-3xy)^2$

$=(2x-3y)\times 3xy+(9x^4y^3-18x^3y^4)\div 9x^2y^2$

$=6x^2y-9xy^2+x^2y-2xy^2$

$=7x^2y-11xy^2$

기본 08-1 사칙 계산이 혼합된 다항식의 계산을 할 때는 곱셈, 나눗셈을 먼저 한 후에 덧셈, 뺄셈을 한다. 답 ×

응용 08-2 $\dfrac{10a^2b^2+8a^2b^3}{2ab}-\dfrac{9a^3b^3-15a^3b^2}{3a^2b}$

$=5ab+4ab^2-3ab^2+5ab$

$=ab^2+10ab$ 답 ④

확장 08-3

$\left(\dfrac{4}{3}a^3b^2-6a^4b\right)\div\left(-\dfrac{2}{3}ab\right)-\left(3ab-\dfrac{9}{2}a^2\right)\times\dfrac{4}{3}a$

$=\left(\dfrac{4}{3}a^3b^2-6a^4b\right)\times\left(-\dfrac{3}{2ab}\right)-\left(3ab-\dfrac{9}{2}a^2\right)\times\dfrac{4}{3}a$

$=-2a^2b+9a^3-(4a^2b-6a^3)$

$=-2a^2b+9a^3-4a^2b+6a^3$

$=-6a^2b+15a^3$

따라서 주어진 식을 계산한 결과에서 계수에 해당하는 것은 ③, ⑤이다. 답 ③, ⑤

개념 07, 08 마무리

| 본문 50~51쪽 |

01 ②, ③ **02** ② **03** ① **04** 9

01 분배법칙 02 역수 03 높이, 높이
04 지수법칙, 곱셈, 덧셈

01 $(x^2-3x+8)\times 2x=2x^3-6x^2+16x$

① 항은 3개이다.

④ 상수항은 0이다.

⑤ 전개식은 $2x^3-6x^2+16x$이다.

따라서 옳은 것은 ②, ③이다. 답 ②, ③

02 $\square\times\left(-\dfrac{2x}{5y}\right)=-x(3x-4y)$에서

$\square\times\left(-\dfrac{2x}{5y}\right)=-3x^2+4xy$

$\therefore \square=(-3x^2+4xy)\times\left(-\dfrac{5y}{2x}\right)$

$=\dfrac{15}{2}xy-10y^2$ 답 ②

03 직육면체 A의 부피는

$x\times(3y+1)\times 3x=9x^2y+3x^2$

직육면체 B의 높이를 h라 하면 직육면체 B의 부피는

$3x\times 2x\times h=6x^2h$

이때 두 직육면체 A, B의 부피가 서로 같으므로

$9x^2y+3x^2=6x^2h$

$\therefore h=\dfrac{9x^2y+3x^2}{6x^2}$

$=\dfrac{3}{2}y+\dfrac{1}{2}$ 답 ①

04 $(12a^4b^2-6a^2b^3)\div\dfrac{3}{2}ab^2-(a^2+3b)\times(-5a)$

$=(12a^4b^2-6a^2b^3)\times\dfrac{2}{3ab^2}-(a^2+3b)\times(-5a)$

$=8a^3-4ab-(-5a^3-15ab)$

$=8a^3-4ab+5a^3+15ab$

$=13a^3+11ab$

$a=-1$, $b=-2$를 위의 식에 대입하면

$13a^3+11ab=13\times(-1)^3+11\times(-1)\times(-2)$

$=-13+22$

$=9$ 답 9

중단원 마무리

| 본문 52~53쪽 |

01 ②	**02** ①	**03** ③
04 ⑤	**05** ②	**06** ④, ⑤
07 ③, ④	**08** ②	**09** ①
10 ④	**11** ④	**12** ①
13 38	**14** $x+4y-1$	**15** 7
16 $-12xy-7y$		

01 $(a+2b+4)+(-3a-6b+1)$
$=a+2b+4-3a-6b+1$
$=-2a-4b+5$ 답 ②

02 $A+(2x^2+x-2)=-x^2+3x-5$이므로
$A=-x^2+3x-5-(2x^2+x-2)$
$=-x^2+3x-5-2x^2-x+2$
$=-3x^2+2x-3$ 답 ①

03 $8xy\left(-\frac{1}{2}x^2+\frac{1}{4}y^2-2\right)$
$=8xy\times\left(-\frac{1}{2}x^2\right)+8xy\times\frac{1}{4}y^2-8xy\times2$
$=-4x^3y+2xy^3-16xy$ 답 ③

04 $(6x^2-9xy)\div3x-(20x^2-15xy)\div(-5x)$
$=2x-3y-(-4x+3y)$
$=2x-3y+4x-3y$
$=6x-6y$ 답 ⑤

05 $\frac{3x-y}{6}+\frac{x-3y}{4}=\frac{2(3x-y)}{12}+\frac{3(x-3y)}{12}$
$=\frac{6x-2y}{12}+\frac{3x-9y}{12}$
$=\frac{9x-11y}{12}$

따라서 $a=\frac{9}{12}$, $b=-\frac{11}{12}$이므로
$a+b=\frac{9}{12}+\left(-\frac{11}{12}\right)$
$=-\frac{2}{12}=-\frac{1}{6}$ 답 ②

06 ① $x-2y+1$은 일차식이다.
② $\frac{3}{x^2}-9$는 x가 분모에 있으므로 이차식이 아니다.
③ $2x^2+5x-(2x^2-1)=2x^2+5x-2x^2+1=5x+1$이므로 일차식이다.
④ $3x^2-4x+2(2x+1)=3x^2-4x+4x+2=3x^2+2$이므로 이차식이다.
⑤ $x(x^2+2x)-7-x^3=x^3+2x^2-7-x^3=2x^2-7$이므로 이차식이다.
따라서 이차식인 것은 ④, ⑤이다. 답 ④, ⑤

07 ① $(10x+y)+(3x-2y)$
$=10x+y+3x-2y$
$=13x-y$
② $\left(-2x+\frac{1}{2}y\right)+\left(\frac{1}{4}x+\frac{3}{4}y\right)$
$=-2x+\frac{1}{2}y+\frac{1}{4}x+\frac{3}{4}y$
$=\left(-2x+\frac{1}{4}x\right)+\left(\frac{1}{2}y+\frac{3}{4}y\right)$
$=\left(-\frac{8}{4}x+\frac{1}{4}x\right)+\left(\frac{2}{4}y+\frac{3}{4}y\right)$
$=-\frac{7}{4}x+\frac{5}{4}y$
③ $(x+4y+1)-(x-2y-7)$
$=x+4y+1-x+2y+7$
$=6y+8$
④ $(5x^2-6x-9)-(3x^2-5)$
$=5x^2-6x-9-3x^2+5$
$=2x^2-6x-4$
⑤ $(x^2-2x-3)+(-2x^2+4x+7)$
$=x^2-2x-3-2x^2+4x+7$
$=-x^2+2x+4$
따라서 옳지 않은 것은 ③, ④이다. 답 ③, ④

08 $3x-[2x^2+\{4x+2-(x^2-\square)\}]=6x^2-5x+2$
에서
$3x-\{2x^2+(4x+2-x^2+\square)\}=6x^2-5x+2$
$3x-(2x^2+4x+2-x^2+\square)=6x^2-5x+2$
$3x-(x^2+4x+2+\square)=6x^2-5x+2$
$3x-x^2-4x-2-\square=6x^2-5x+2$
$-x^2-x-2-\square=6x^2-5x+2$
$\therefore \square=-x^2-x-2-(6x^2-5x+2)$
$=-x^2-x-2-6x^2+5x-2$
$=-7x^2+4x-4$ 답 ②

09 $(-x^2y^4+6xy^3-2x^3y^5)\div A=-\frac{1}{2}xy^2$이므로

$A=(-x^2y^4+6xy^3-2x^3y^5)\div\left(-\frac{1}{2}xy^2\right)$

$=(-x^2y^4+6xy^3-2x^3y^5)\times\left(-\frac{2}{xy^2}\right)$

$=2xy^2-12y+4x^2y^3$

따라서 다항식 A의 모든 계수의 합은

$2+(-12)+4=-6$ 답 ①

10 어떤 다항식을 $\square$라 하면

$\square\div(-4a^3)=2a^2-6b$

$\therefore \square=(2a^2-6b)\times(-4a^3)$

$=-8a^5+24a^3b$

따라서 바르게 계산하면

$(-8a^5+24a^3b)\times(-4a^3)=32a^8-96a^6b$ 답 ④

11 $\frac{10x^4y^2-4x^3y^3}{2x^3y^2}-\frac{3x^5y-7x^4y^2}{x^4y}$

$=5x-2y-(3x-7y)$

$=5x-2y-3x+7y$

$=2x+5y$ 답 ④

12 $(6x^3y^2-2xy^3)\div2x^2y^5\times(-2x^2y)^3$

$=(6x^3y^2-2xy^3)\div2x^2y^5\times(-8x^6y^3)$

$=(6x^3y^2-2xy^3)\times\frac{1}{2x^2y^5}\times(-8x^6y^3)$

$=(6x^3y^2-2xy^3)\times\left(-\frac{4x^4}{y^2}\right)$

$=-24x^7+8x^5y$

$x=-1$, $y=4$를 위의 식에 대입하면

$-24x^7+8x^5y=-24\times(-1)^7+8\times(-1)^5\times4$

$=-24\times(-1)+8\times(-1)\times4$

$=24-32$

$=-8$ 답 ①

13 $(-2x^a)^b=-8x^{15}$에서

$(-2)^bx^{ab}=-8x^{15}$

$\therefore (-2)^b=-8$, $ab=15$

$(-2)^b=-8$에서

$(-2)^b=(-2)^3$

$\therefore b=3$

$b=3$을 $ab=15$에 대입하면

$3a=15$ $\quad\therefore a=5$

$\therefore 3a-[b-\{3a-4(a-3b)\}+a]$

$=3a-\{b-(3a-4a+12b)+a\}$

$=3a-\{b-(-a+12b)+a\}$

$=3a-(b+a-12b+a)$

$=3a-(2a-11b)$

$=3a-2a+11b$

$=a+11b$

$a=5$, $b=3$을 위의 식에 대입하면

$a+11b=5+11\times3=38$ 답 38

14 사다리꼴의 윗변의 길이를 $\square$라 하면

$\frac{1}{2}\times\{\square+(3x+2y+3)\}\times xy=2x^2y+3xy^2+xy$

$\square+3x+2y+3=(2x^2y+3xy^2+xy)\times\frac{2}{xy}$

$\square+3x+2y+3=4x+6y+2$

$\therefore \square=4x+6y+2-(3x+2y+3)$

$=4x+6y+2-3x-2y-3$

$=x+4y-1$ 답 $x+4y-1$

15 $2x^2(5x^2-2x-1)-(6x^7y-15x^5y)\div3x^3y$

$=2x^2(5x^2-2x-1)-\frac{6x^7y-15x^5y}{3x^3y}$

$=10x^4-4x^3-2x^2-2x^4+5x^2$

$=8x^4-4x^3+3x^2$

따라서 $a=8$, $b=-4$, $c=3$이므로

$a+b+c=8+(-4)+3=7$ 답 7

16 $(2x+1,\ -4y,\ 2xy)\circ(y,\ x+2,\ -5)$

$=(2x+1)y-4y(x+2)+2xy\times(-5)$

$=2xy+y-4xy-8y-10xy$

$=-12xy-7y$ 답 $-12xy-7y$

대단원 **핵심 한눈에 보기**

| 본문 58쪽 |

01 (1) $m+n$ (2) mn (3) ② 1 ③ $n-m$ (4) ② n, n

02 (1) 지수법칙 (2) 분수 (3) ❷ 곱셈

03 (1) 동류항 (2) 부호

04 (1) 분배법칙 (2) 역수 (3) ❶ 거듭제곱 ❸ 곱셈

Ⅲ 일차부등식과 연립일차방정식

1. 일차부등식

개념 01
| 본문 60쪽 |

(가) 초과　(나) 미만　(다) 이상　(라) 이하

확인 1 답 (1) × (2) ○ (3) ○ (4) ×

(1) $2x+5=0$은 일차방정식이다.
(4) $x+2y-9$는 일차식이다.

확인 2 답 ㄱ, ㄹ

$x=-2$를 각 부등식에 대입하면 다음과 같다.
ㄱ. $-2+4>1$　$\therefore 2>1$ (참)
ㄴ. $\frac{-2}{2}-2\geq0$　$\therefore -3\geq0$ (거짓)
ㄷ. $2\times(-2)+1\leq-5$　$\therefore -3\leq-5$ (거짓)
ㄹ. $1-3\times(-2)<8$　$\therefore 7<8$ (참)
따라서 $x=-2$를 해로 갖는 것은 ㄱ, ㄹ이다.

기본 01-1 $5+9<14$는 부등호 $>$, $<$, $\geq$, $\leq$를 사용하여 수 또는 식 사이의 대소 관계를 나타낸 식이므로 식의 참, 거짓과 관계없이 부등식이다. 답 ×

응용 01-2 [ ] 안의 수를 각 부등식에 대입하면 다음과 같다.
① $0-1\leq-2$　$\therefore -1\leq-2$ (거짓)
② $5\times1<1-3$　$\therefore 5<-2$ (거짓)
③ $3\leq4\times3-6$　$\therefore 3\leq6$ (참)
④ $2\times(-2)-1>-2-7$　$\therefore -5>-9$ (참)
⑤ $-3\times(-1)+1<(-1)+9$　$\therefore 4<8$ (참)
따라서 [ ] 안의 수가 주어진 부등식의 해가 아닌 것은 ①, ②이다. 답 ①, ②

확장 01-3 ① $x\geq10$
③ $10x\leq8000$
⑤ $2(6+x)>24$
따라서 옳지 않은 것은 ①, ③, ⑤이다. 답 ①, ③, ⑤

개념 02
| 본문 62쪽 |

(가) $>$　(나) $<$　(다) $<$

확인 3 답 (1) $<$ (2) $<$ (3) $<$ (4) $>$

(1) $a<b$의 양변에 2를 더하면
$a+2<b+2$
(2) $a<b$의 양변에서 5를 빼면
$a-5<b-5$
(3) $a<b$의 양변에 6을 곱하면
$6a<6b$
(4) $a<b$의 양변을 -9로 나누면
$-\frac{a}{9}>-\frac{b}{9}$

확인 4 답 (1) $x+3\geq7$ (2) $x-8\geq-4$ (3) $-5x\leq-20$ (4) $-\frac{x}{4}\leq-1$

(1) $x\geq4$의 양변에 3을 더하면
$x+3\geq7$
(2) $x\geq4$의 양변에서 8을 빼면
$x-8\geq-4$
(3) $x\geq4$의 양변에 -5를 곱하면
$-5x\leq-20$
(4) $x\geq4$의 양변을 -4로 나누면
$-\frac{x}{4}\leq-1$

기본 02-1 부등식의 양변에 같은 양수를 곱하면 부등호의 방향이 바뀌지 않지만, 같은 음수를 곱하면 부등호의 방향이 바뀐다. 답 ×

응용 02-2 ① $a\geq b$의 양변에 1을 더하면
$a+1\geq b+1$
② $a\geq b$의 양변에 -1을 곱하면
$-a\leq-b$
$-a\leq-b$의 양변에 4를 더하면
$4-a\leq4-b$
③ $a\geq b$의 양변에 2를 곱하면
$2a\geq2b$
$2a\geq2b$의 양변에 7을 더하면
$2a+7\geq2b+7$
④ $a\geq b$의 양변에 -3을 곱하면
$-3a\leq-3b$

$-3a\le-3b$의 양변에서 10을 빼면

$-3a-10\le-3b-10$

⑤ $a\ge b$의 양변에 5를 더하면

$a+5\ge b+5$

$a+5\ge b+5$의 양변을 -8로 나누면

$-\frac{a+5}{8}\le-\frac{b+5}{8}$

따라서 옳지 않은 것은 ②, ⑤이다. 답 ②, ⑤

확장 02-3 $-3<x\le6$의 각 변에 $-\frac{4}{3}$를 곱하면

$-8\le-\frac{4}{3}x<4$

$-8\le-\frac{4}{3}x<4$의 각 변에 5를 더하면

$-3\le5-\frac{4}{3}x<9$

$\therefore -3\le A<9$ 답 ③

개념 03

| 본문 64쪽 |

(가) 이항 (나) 좌변 (다) a

확인 5 답 (1) ○ (2) × (3) × (4) ○

(2) $x+5>x-3$에서 $8>0$이므로 일차부등식이 아니다.

(3) $2x-1=x+1$에서 $x-2=0$이므로 일차방정식이다.

(4) $3(x-2)\le x-2$에서 $3x-6\le x-2$, $2x-4\le0$이므로 일차부등식이다.

확인 6 답 (1) $x\le6$ (2) $x>7$ (3) $x<3$ (4) $x\le-4$

(1) $x-5\le1$에서

$x\le6$

(2) $x+3>10$에서

$x>7$

(3) $3x-7<2$에서

$3x<9$ $\therefore x<3$

(4) $3x\ge5x+8$에서

$-2x\ge8$ $\therefore x\le-4$

기본 03-1 $ax-b>0$에서 $ax>b$

(i) $a>0$이면 $x>\frac{b}{a}$

(ii) $a<0$이면 $x<\frac{b}{a}$ 답 ×

응용 03-2

① $4x\ge x+15$에서

$3x\ge15$ $\therefore x\ge5$

② $5x-12\ge9x$에서

$-4x\ge12$ $\therefore x\le-3$

③ $x-10\le2x-7$에서

$-x\le3$ $\therefore x\ge-3$

④ $6x-5\le3x+4$에서

$3x\le9$ $\therefore x\le3$

⑤ $3x-1\le-4x+20$에서

$7x\le21$ $\therefore x\le3$

따라서 해가 $x\le3$인 것은 ④, ⑤이다. 답 ④, ⑤

확장 03-3 $-ax+3a\le0$에서

$-ax\le-3a$

이때 $a>0$에서 $-a<0$이므로

$x\ge3$

따라서 주어진 일차부등식을 만족시키는 자연수 x의 값은 3, 4, 5, …이다. 답 ③, ④, ⑤

개념 01, 02, 03 마무리

| 본문 66~67쪽 |

01 ④, ⑤ 02 ② 03 ③, ④, ⑤ 04 20

TIP 01 참 02 >, >, < 03 이항 04 $a<0$

01 x가 절댓값이 2 이하인 자연수이므로 x는

$-2, -1, 0, 1, 2$

$x=-2, -1, 0, 1, 2$를 $2x+1\ge4-x$에 차례로 대입하면

$x=-2$일 때, $2\times(-2)+1\ge4-(-2)$

$\therefore -3\ge6$ (거짓)

$x=-1$일 때, $2\times(-1)+1\ge4-(-1)$

$\therefore -1\ge5$ (거짓)

$x=0$일 때, $2\times0+1\ge4-0$

$\therefore 1\ge4$ (거짓)

$x=1$일 때, $2\times1+1\ge4-1$

$\therefore 3\ge3$ (참)

$x=2$일 때, $2\times2+1\ge4-2$

$\therefore 5\ge2$ (참)

따라서 주어진 부등식의 해인 것은 ④, ⑤이다. 답 ④, ⑤

02 $A=4x+1$이므로 $-6\le A<5$에서

$-6\le 4x+1<5$

$-6\le 4x+1<5$의 각 변에서 1을 빼면

$-7\le 4x<4$

$-7\le 4x<4$의 각 변을 4로 나누면

$-\frac{7}{4}\le x<1$

따라서 조건을 만족시키는 정수 x는 -1, 0의 2개이다.

답 ②

03 ① $2+x<-3$에서

$x<-5$

② $-x+10<11$에서

$-x<1$ $\quad\therefore x>-1$

③ $4x-8<-12$에서

$4x<-4$ $\quad\therefore x<-1$

④ $-3x+2>5$에서

$-3x>3$ $\quad\therefore x<-1$

⑤ $x+2>3x+4$에서

$-2x>2$ $\quad\therefore x<-1$

따라서 해가 같은 것은 ③, ④, ⑤이다. 답 ③, ④, ⑤

04 주어진 수직선이 나타내는 x의 값의 범위는 $x\ge 4$

$6x-a\ge x$에서

$5x\ge a$ $\quad\therefore x\ge\frac{a}{5}$

이때 해가 $x\ge 4$이므로

$\frac{a}{5}=4$ $\quad\therefore a=20$ 답 20

개념 04 | 본문 68쪽 |

(가) 분배법칙 (나) 최소공배수

확인 7 답 해설 참조

(1) 주어진 부등식의 양변에 $\boxed{10}$을 곱하면

$3x-7<\boxed{5}$, $3x<\boxed{12}$

$\therefore x<\boxed{4}$

(2) 주어진 부등식의 양변에 $\boxed{2}$를 곱하면

$5x+8\ge\boxed{x}$, $\boxed{4x}\ge-8$

$\therefore x\ge\boxed{-2}$

확인 8 답 (1) $x>3$ (2) $x\ge-2$ (3) $x\ge 1$ (4) $x<-1$

(1) $2(x-1)>x+1$에서 괄호를 풀면

$2x-2>x+1$ $\quad\therefore x>3$

(2) $3(5-x)+6x\ge 9$에서 괄호를 풀면

$15-3x+6x\ge 9$, $3x\ge-6$

$\therefore x\ge-2$

(3) $-0.1x+0.9\le 0.8x$의 양변에 10을 곱하면

$-x+9\le 8x$, $-9x\le-9$

$\therefore x\ge 1$

(4) $\frac{1}{3}x+2<-\frac{2}{3}x+1$의 양변에 3을 곱하면

$x+6<-2x+3$, $3x<-3$

$\therefore x<-1$

기본 04-1 일차부등식 $0.6x+1<-0.4$의 양변에 10을 곱하여 계수를 정수로 바꾸면 $6x+10<-4$이다. 답 ×

응용 04-2 $4<-2x-(x-13)$에서 괄호를 풀면

$4<-2x-x+13$

$3x<9$ $\quad\therefore x<3$

따라서 자연수 x의 값은 1, 2이다. 답 ①, ②

확장 04-3 $0.5(x+3)\ge 0.8(x+1)-2$의 양변에 10을 곱하면

$5(x+3)\ge 8(x+1)-20$

$5x+15\ge 8x+8-20$

$-3x\ge-27$ $\quad\therefore x\le 9$

따라서 주어진 일차부등식을 만족시키는 자연수 x는 1, 2, 3, …, 9의 9개이다. 답 ④

개념 05 | 본문 70쪽 |

(가) $x+1$ (나) $x+2$ (다) $a-x$ (라) 긴

확인 9 답 해설 참조

❶ 미지수 정하기	어떤 수를 x라 하자.
❷ 부등식 세우기	어떤 수의 2배에서 5를 뺀 수는 $\boxed{2x-5}$ 이 수가 23보다 크므로 $\boxed{2x-5}>23$
❸ 부등식 풀기	$2x>28$에서 $x>\boxed{14}$
❹ 답 구하기	따라서 가장 작은 정수는 $\boxed{15}$이다.

확인 10 답 해설 참조

❶ 미지수 정하기	직사각형의 가로의 길이를 x cm라 하자.
❷ 부등식 세우기	직사각형의 둘레의 길이가 52 cm 이상이므로 $2(x+\boxed{18})\ge52$
❸ 부등식 풀기	괄호를 풀면 $2x+\boxed{36}\ge52 \quad \therefore x\ge\boxed{8}$
❹ 답 구하기	따라서 직사각형의 가로의 길이는 $\boxed{8}$ cm 이상이어야 한다.

기본 05-1 길이가 10 cm인 변의 길이를 10 % 늘리면 그 길이는

$10+10\times\frac{10}{100}=10+1=11(\text{cm})$

이 길이를 다시 10 % 줄이면 그 길이는

$11-11\times\frac{10}{100}=11-1.1=9.9(\text{cm})$

따라서 길이가 10 cm인 변의 길이를 10 % 늘린 후 다시 10 % 줄이면 그 길이는 처음 길이와 같지 않다. 답 ×

응용 05-2 삼각형이 만들어지려면 가장 긴 변의 길이가 다른 두 변의 길이의 합보다 짧아야 하므로

$x+6<(x-2)+(x+1)$

$x+6<2x-1$

$-x<-7 \quad \therefore x>7$

따라서 자연수 x의 값은 8, 9, 10, …이다. 답 ④, ⑤

확장 05-3 배를 x개 산다고 하면 사과는 $(10-x)$개 살 수 있으므로

$500(10-x)+800x\le7000$

$5000-500x+800x\le7000$

$300x\le2000 \quad \therefore x\le\frac{20}{3}$

따라서 배는 최대 6개까지 살 수 있다. 답 ③

개념 06

| 본문 72쪽 |

(가) 거리 (나) 속력 (다) 소금물의 양

확인 11 답 (1) 해설 참조 (2) $\frac{x}{2}+\frac{x}{3}\le1$ (3) $\frac{6}{5}$ km

(1) 집에서 x km 떨어진 지점까지 다녀오므로 표를 완성하면 다음과 같다.

	거리(km)	속력(km/h)	시간(시간)
갈 때	x	2	$\frac{x}{2}$
올 때	x	3	$\frac{x}{3}$

(2) 규민이가 총 1시간 이내에 다녀오려고 하므로

$\frac{x}{2}+\frac{x}{3}\le1$

(3) $\frac{x}{2}+\frac{x}{3}\le1$의 양변에 6을 곱하면

$3x+2x\le6,\ 5x\le6 \quad \therefore x\le\frac{6}{5}$

따라서 집에서 최대 $\frac{6}{5}$ km 떨어진 지점까지 다녀올 수 있다.

확인 12 답 (1) 해설 참조

(2) $\frac{3}{100}\times(200+x)\ge\frac{5}{100}\times200$

(3) $\frac{400}{3}$ g

(1) 물을 x g 더 넣으므로 표를 완성하면 다음과 같다.

	농도(%)	소금물의 양(g)	소금의 양(g)
물을 넣기 전	5	200	$\frac{5}{100}\times200$
물을 넣은 후	3	$200+x$	$\frac{3}{100}\times(200+x)$

(2) $\frac{3}{100}\times(200+x)\ge\frac{5}{100}\times200$

(3) $\frac{3}{100}\times(200+x)\ge\frac{5}{100}\times200$의 양변에 100을 곱하면

$3(200+x)\ge5\times200,\ 600+3x\ge1000$

$3x\ge400 \quad \therefore x\ge\frac{400}{3}$

따라서 물을 $\frac{400}{3}$ g 이상 더 넣어야 한다.

기본 06-1 30(분)$=\frac{30}{60}$(시간)$=\frac{1}{2}$(시간)이므로

시속 10 km로 30분 동안 이동한 거리는 $10\times\frac{1}{2}=5(\text{km})$이다.

답 ×

응용 06-2 10(분)$=\frac{10}{60}$(시간)$=\frac{1}{6}$(시간)이므로 승원이가 x km 떨어진 서점에 다녀온다고 하면

$\frac{x}{4}+\frac{1}{6}+\frac{x}{4}\le2$

$3x+2+3x\le24$

$6x\le22 \quad \therefore x\le\frac{11}{3}$

따라서 기차역에서 최대 $\frac{11}{3}$ km 떨어진 서점까지 다녀올 수 있다.

답 ①, ②, ③

확장 06-3 6 %의 설탕물 300 g에 들어 있는 설탕의 양은

$\frac{6}{100}\times300=18(\text{g})$

물을 x g 증발시킨다고 하면

$\frac{10}{100}\times(300-x)\le18$

$10(300-x)\le1800$

$3000-10x\le1800$

$-10x\le-1200 \quad \therefore x\ge120$

따라서 물을 120 g 이상 증발시켜야 한다.

답 ③, ④, ⑤

개념 04, 05, 06 마무리 | 본문 74~75쪽 |

01 ③, ④ **02** ④, ⑤ **03** ③ **04** 300 g

TIP

01 최소공배수 02 $1+\frac{a}{100}$, $1-\frac{b}{100}$

03 거리, 시간 04 소금의 양

01 $\frac{5x-3}{2}>a$에서

$5x-3>2a$, $5x>2a+3$

$\therefore x>\frac{2a+3}{5}$

이때 부등식을 만족시키는 가장 작은 정수 x의 값이 5이므로

$4\le\frac{2a+3}{5}<5$, $20\le2a+3<25$

$17\le2a<22 \quad \therefore \frac{17}{2}\le a<11$

따라서 a의 값이 될 수 있는 자연수는 9, 10이다.

답 ③, ④

02 이 물건의 원가를 x원이라 하면

$x\left(1+\frac{40}{100}\right)-1000\ge x\left(1+\frac{20}{100}\right)$

$\frac{140}{100}x-1000\ge\frac{120}{100}x$

$140x-100000\ge120x$

$20x\ge100000 \quad \therefore x\ge5000$

따라서 이 물건의 원가는 5000원 이상이다.

답 ④, ⑤

03 1시간 10분$=\frac{70}{60}$(시간)$=\frac{7}{6}$(시간)이므로 하윤이가 x km까지 올라갔다 온다고 하면

$\frac{x}{3}+\frac{x}{4}\le\frac{7}{6}$, $4x+3x\le14$

$7x\le14 \quad \therefore x\le2$

따라서 하윤이는 최대 2 km까지 올라갔다 올 수 있다.

답 ③

04 농도가 5 %인 소금물 200 g에 들어 있는 소금의 양은

$\frac{5}{100}\times200=10(\text{g})$

농도가 10 %인 소금물을 x g 섞는다고 하면

$10+\frac{10}{100}\times x\ge\frac{8}{100}\times(200+x)$

$1000+10x\ge8(200+x)$

$1000+10x\ge1600+8x$

$2x\ge600 \quad \therefore x\ge300$

따라서 농도가 10 %인 소금물을 300 g 이상 섞어야 한다.

답 300 g

중단원 마무리 | 본문 76~77쪽 |

01 ③, ⑤	**02** ③	**03** ①, ②, ③
04 ①	**05** ②, ④	**06** ②, ④, ⑤
07 ④, ⑤	**08** ②	**09** ④
10 ③	**11** ③, ④, ⑤	**12** ②
13 14	**14** 3개	**15** 45분
16 $\frac{6}{5}$ km		

01 ① $x+2$는 일차식이다.

② $3x+5=9$는 일차방정식이다.

④ $2x-y=4$는 일차방정식이다.

따라서 부등식인 것은 ③, ⑤이다.

답 ③, ⑤

02 $3x-4\ge-2x+7$에서

$5x\ge11 \quad \therefore x\ge\frac{11}{5}$

따라서 주어진 일차부등식을 만족시키는 x의 값 중 가장 작은 자연수는 3이다.

답 ③

03 $0.2x+1>0.5x-0.2$의 양변에 10을 곱하면
$2x+10>5x-2$, $-3x>-12$
$\therefore x<4$
따라서 주어진 일차부등식을 만족시키는 자연수 x의 값은 1, 2, 3이다. 답 ①, ②, ③

04 백합을 x송이 산다고 하면 장미는 $(15-x)$송이 살 수 있으므로
$1000(15-x)+2000x\le 20000$
$15000-1000x+2000x\le 20000$
$1000x\le 5000$ $\therefore x\le 5$
따라서 백합은 최대 5송이까지 살 수 있다. 답 ①

05 ① $x\le -3$
③ $2x+3>5x$
⑤ $5x+3000<10000$
따라서 옳은 것은 ②, ④이다. 답 ②, ④

06 $-a+3>-b+3$의 양변에서 3을 빼면
$-a>-b$
$-a>-b$의 양변에 -1을 곱하면
$a<b$
① $a<b$의 양변에서 1을 빼면
$a-1<b-1$
② $a<b$의 양변을 6으로 나누면
$\frac{a}{6}<\frac{b}{6}$
③ $a<b$의 양변에 2를 곱하면
$2a<2b$
$2a<2b$의 양변에 3을 더하면
$2a+3<2b+3$
④ $a<b$의 양변에 -1을 곱하면
$-a>-b$
$-a>-b$의 양변에 9를 더하면
$-a+9>-b+9$
⑤ $a<b$의 양변을 -5로 나누면
$-\frac{a}{5}>-\frac{b}{5}$
$-\frac{a}{5}>-\frac{b}{5}$의 양변에서 7을 빼면
$-\frac{a}{5}-7>-\frac{b}{5}-7$
따라서 옳은 것은 ②, ④, ⑤이다. 답 ②, ④, ⑤

07 주어진 수직선이 나타내는 x의 값의 범위는 $x<2$
① $x+8>10$에서
$x>2$
② $7-x<5$에서
$-x<-2$ $\therefore x>2$
③ $-2x+9>13$에서
$-2x>4$ $\therefore x<-2$
④ $-3x>3x-12$에서
$-6x>-12$ $\therefore x<2$
⑤ $x+3>2x+1$에서
$-x>-2$ $\therefore x<2$
따라서 해가 주어진 수직선과 같이 나타나는 것은 ④, ⑤이다.
답 ④, ⑤

08 $ax+a>bx+b$에서
$(a-b)x>b-a$
이때 $a<b$에서 $a-b<0$이므로
$x<\frac{b-a}{a-b}$ $\therefore x<-1$ 답 ②

09 $0.3(3x+1)<\frac{1}{5}(2x-1)$의 양변에 10을 곱하면
$3(3x+1)<2(2x-1)$
$9x+3<4x-2$
$5x<-5$ $\therefore x<-1$ 답 ④

10 $\frac{2x+7}{3}\le 3-x$의 양변에 3을 곱하면
$2x+7\le 9-3x$, $5x\le 2$
$\therefore x\le\frac{2}{5}$
$a-x\ge 3x-a$에서
$-4x\ge -2a$ $\therefore x\le\frac{a}{2}$
이때 두 일차부등식의 해가 서로 같으므로
$\frac{2}{5}=\frac{a}{2}$ $\therefore a=\frac{4}{5}$ 답 ③

11 음료수를 x개 산다고 하면
$500x>300x+2400$
$200x>2400$ $\therefore x>12$
따라서 음료수를 13개 이상 사면 도매 시장에서 사는 것이 유리하다. 답 ③, ④, ⑤

12 입장객이 x명이라 하면

$5000x>5000\times30\times\left(1-\frac{15}{100}\right)$

$5000x>5000\times30\times\frac{85}{100}$

$\therefore x>\frac{51}{2}$

따라서 최소 26명 이상이면 30명의 단체 입장권을 사는 것이 유리하다. 답 ②

13 $5x-a\le2x$에서

$3x\le a \qquad \therefore x\le\frac{a}{3}$

이를 만족시키는 자연수 x의 값이 2개이어야 하므로

$2\le\frac{a}{3}<3 \qquad \therefore 6\le a<9$

따라서 a의 값 중 가장 큰 자연수는 8이고 가장 작은 자연수는 6이므로 그 합은

$8+6=14$ 답 14

14 $0.\dot{7}x-0.\dot{1}<0.\dot{3}x+1.\dot{6}$에서

$\frac{7}{9}x-\frac{1}{9}<\frac{3}{9}x+\frac{15}{9}$

양변에 9를 곱하면

$7x-1<3x+15$

$4x<16 \qquad \therefore x<4$

따라서 주어진 부등식을 만족시키는 모든 자연수 x는 1, 2, 3의 3개이다. 답 3개

15 x분 동안 주차한다고 하면

$1500+(x-30)\times100\le3000$

$1500+100x-3000\le3000$

$100x\le4500 \qquad \therefore x\le45$

따라서 최대 45분 동안 주차할 수 있다. 답 45분

16 $18(\text{분})=\frac{18}{60}(\text{시간})=\frac{3}{10}(\text{시간})$이므로 공항에서 x km 떨어진 상점에 다녀온다고 하면

$\frac{x}{3}+\frac{3}{10}+\frac{x}{4}\le1$

$20x+18+15x\le60$

$35x\le42 \qquad \therefore x\le\frac{6}{5}$

따라서 공항에서 $\frac{6}{5}$ km 이내에 있는 상점까지 다녀올 수 있다.

답 $\frac{6}{5}$ km

2. 연립일차방정식

개념 07 | 본문 78쪽 |

(가) 2 (나) 1 (다) 일차방정식

확인 13 답 (1) ○ (2) ○ (3) × (4) ×

(3) $\frac{1}{x}-\frac{2}{y}=-6$은 미지수가 분모에 있으므로 미지수가 2개인 일차방정식이 아니다.

(4) $x+5y+8$은 미지수는 2개이지만 등식이 아니므로 미지수가 2개인 일차방정식이 아니다.

확인 14 답 (1) ○ (2) × (3) × (4) ○

$x=-1$, $y=2$를 각 연립방정식에 대입하면 다음과 같다.

(1) $\begin{cases}-1+2=1\\2\times(-1)-3\times2=-8\end{cases}$

따라서 주어진 연립방정식은 $x=-1$, $y=2$를 해로 갖는다.

(2) $\begin{cases}-1-2=-3\\3\times(-1)+2\times2=1\neq5\end{cases}$

따라서 주어진 연립방정식은 $x=-1$, $y=2$를 해로 갖지 않는다.

(3) $\begin{cases}-1+5\times2=9\\4\times(-1)-3\times2=-10\neq1\end{cases}$

따라서 주어진 연립방정식은 $x=-1$, $y=2$를 해로 갖지 않는다.

(4) $\begin{cases}6\times(-1)+2=-4\\-1-6\times2=-13\end{cases}$

따라서 주어진 연립방정식은 $x=-1$, $y=2$를 해로 갖는다.

기본 07-1 두 일차방정식 A, B의 해가 서로 같으면 일차방정식 A의 해를 일차방정식 B에 대입하거나 일차방정식 B의 해를 일차방정식 A에 대입하여도 등식이 성립한다. 답 ○

응용 07-2 주어진 x, y의 값을 $2x+5y=-9$에 각각 대입하면 다음과 같다.

① $2\times(-7)+5\times1=-9$

② $2\times(-2)+5\times(-1)=-9$

③ $2\times(-1)+5\times\frac{7}{5}=5\neq-9$

④ $2\times\frac{1}{2}+5\times(-2)=-9$

⑤ $2\times3+5\times(-3)=-9$
따라서 일차방정식 $2x+5y=-9$의 해인 것은 ①, ②, ④, ⑤이다. 답 ①, ②, ④, ⑤

확장 07-3 $x=3$, $y=4$를 $ax+y=7$에 대입하면
$3a+4=7$, $3a=3$
$\therefore a=1$
$x=3$, $y=4$를 $x+by=11$에 대입하면
$3+4b=11$, $4b=8$
$\therefore b=2$
$\therefore a+b=1+2=3$ 답 ④

개념 08

| 본문 80쪽 |

(가) 절댓값 (나) 대입

확인 15 답 해설 참조

(1) ㉠+㉡을 하면
$\boxed{3}x=3$ $\therefore x=\boxed{1}$
$x=\boxed{1}$을 ㉠에 대입하면
$\boxed{2}+y=4$ $\therefore y=\boxed{2}$
따라서 연립방정식의 해는
$x=\boxed{1}$, $y=\boxed{2}$

(2) ㉠×3−㉡을 하면
$11x=33$ $\therefore x=\boxed{3}$
$x=\boxed{3}$을 ㉠에 대입하면
$\boxed{15}-y=17$, $-y=2$ $\therefore y=\boxed{-2}$
따라서 연립방정식의 해는
$x=\boxed{3}$, $y=\boxed{-2}$

확인 16 답 해설 참조

(1) ㉡을 ㉠에 대입하면
$2x+(x+1)=4$, $3x=3$ $\therefore x=\boxed{1}$
$x=\boxed{1}$을 ㉡에 대입하면 $y=\boxed{2}$
따라서 연립방정식의 해는
$x=\boxed{1}$, $y=\boxed{2}$

(2) ㉠을 ㉡에 대입하면
$4x-3(\boxed{5x-17})=18$, $4x-15x+51=18$
$-11x=-33$ $\therefore x=\boxed{3}$
$x=\boxed{3}$을 ㉠에 대입하면 $y=\boxed{-2}$
따라서 연립방정식의 해는
$x=\boxed{3}$, $y=\boxed{-2}$

기본 08-1 주어진 연립방정식을 가감법을 이용하여 풀 때
(ⅰ) 미지수 x를 없애는 경우 x의 계수의 절댓값은 각각 1, 2이고 계수의 부호가 같으므로 필요한 식은 ㉠×2−㉡이다.
(ⅱ) 미지수 y를 없애는 경우 y의 계수의 절댓값은 각각 1, 3이고 계수의 부호가 다르므로 필요한 식은 ㉠×3+㉡이다.
(ⅰ), (ⅱ)에서 필요한 식은 ㉠×2−㉡ 또는 ㉠×3+㉡이다.
답 ×

응용 08-2 $\begin{cases}4x-y=6 & \cdots\cdots ㉠\\3x+2y=-1 & \cdots\cdots ㉡\end{cases}$에서
㉠×2+㉡을 하면
$11x=11$ $\therefore x=1$
$x=1$을 ㉠에 대입하면
$4-y=6$, $-y=2$
$\therefore y=-2$
따라서 $a=1$, $b=-2$이므로
$a+b=1+(-2)=-1$ 답 ②

확장 08-3 $\begin{cases}ax+y=6 & \cdots\cdots ㉠\\-5x-y=-14 & \cdots\cdots ㉡\end{cases}$
y의 값이 x의 값의 2배이므로
$y=2x$ ⋯⋯ ㉢
㉢을 ㉡에 대입하면
$-5x-2x=-14$, $-7x=-14$
$\therefore x=2$
$x=2$를 ㉢에 대입하면 $y=4$
$x=2$, $y=4$를 ㉠에 대입하면
$2a+4=6$, $2a=2$
$\therefore a=1$ 답 ①

개념 07, 08 마무리

| 본문 82~83쪽 |

01 ① 02 ⑤ 03 ① 04 −4

TIP
01 방정식, 참 02 일차방정식, 해
03 절댓값, 대입 04 없앤, 대입

01 $y=1, 2, 3, \cdots$을 $3x+5y=24$에 차례로 대입하면 다음 표와 같다.

x	$\frac{19}{3}$	$\frac{14}{3}$	3	$\frac{4}{3}$	$-\frac{1}{3}$	$\cdots$
y	1	2	3	4	5	$\cdots$

따라서 x, y가 자연수일 때, 주어진 일차방정식의 해 (x, y)는 $(3, 3)$의 1개이다.

답 ①

02 $x=4$, $y=b$를 $3x-y=2$에 대입하면

$12-b=2$, $-b=-10$

$\therefore b=10$

$x=4$, $y=10$을 $ax+2y=-8$에 대입하면

$4a+20=-8$, $4a=-28$

$\therefore a=-7$

$\therefore b-a=10-(-7)=17$

답 ⑤

03 $x=2$, $y=3$을 $ax-by=12$에 대입하면

$2a-3b=12$ $\cdots\cdots$ ㉠

$x=2$, $y=3$을 $bx-ay=2$에 대입하면

$2b-3a=2$ $\therefore 3a-2b=-2$ $\cdots\cdots$ ㉡

㉠$\times2-$㉡$\times3$을 하면

$-5a=30$ $\therefore a=-6$

$a=-6$을 ㉠에 대입하면

$-12-3b=12$, $-3b=24$

$\therefore b=-8$

$\therefore a+b=-6+(-8)=-14$

답 ①

04 $\begin{cases} x+3y-6=0 & \cdots\cdots ㉠ \\ 6x+3ay+4=0 & \cdots\cdots ㉡ \end{cases}$

$\frac{x}{3}=\frac{y}{2}$에서

$y=\frac{2}{3}x$ $\cdots\cdots$ ㉢

㉢을 ㉠에 대입하면

$x+2x-6=0$, $3x=6$

$\therefore x=2$

$x=2$를 ㉢에 대입하면

$y=\frac{4}{3}$

$x=2$, $y=\frac{4}{3}$를 ㉡에 대입하면

$12+4a+4=0$, $4a=-16$

$\therefore a=-4$

답 -4

개념 09

| 본문 84쪽 |

(가) 동류항 (나) 최소공배수 (다) 많다 (라) 없다

확인 17 답 (1) $x=3$, $y=-1$ (2) $x=5$, $y=1$ (3) $x=2$, $y=-3$ (4) $x=1$, $y=-2$

(1) $\begin{cases} x+8y=-5 & \cdots\cdots ㉠ \\ 2(x-y)=3-5y & \cdots\cdots ㉡ \end{cases}$

㉡에서 괄호를 풀면 $2x-2y=3-5y$

$\therefore 2x+3y=3$ $\cdots\cdots$ ㉢

㉠$\times2-$㉢을 하면

$13y=-13$ $\therefore y=-1$

$y=-1$을 ㉠에 대입하면

$x-8=-5$ $\therefore x=3$

(2) $\begin{cases} \frac{x}{3}-y=\frac{2}{3} & \cdots\cdots ㉠ \\ \frac{x}{2}-\frac{y}{3}=\frac{13}{6} & \cdots\cdots ㉡ \end{cases}$에서

㉠$\times3$, ㉡$\times6$을 하면

$\begin{cases} x-3y=2 & \cdots\cdots ㉢ \\ 3x-2y=13 & \cdots\cdots ㉣ \end{cases}$

㉢$\times3-$㉣을 하면

$-7y=-7$ $\therefore y=1$

$y=1$을 ㉢에 대입하면

$x-3=2$ $\therefore x=5$

(3) $\begin{cases} 0.2x+0.1y=0.1 & \cdots\cdots ㉠ \\ 0.3x-0.2y=1.2 & \cdots\cdots ㉡ \end{cases}$에서

㉠$\times10$, ㉡$\times10$을 하면

$\begin{cases} 2x+y=1 & \cdots\cdots ㉢ \\ 3x-2y=12 & \cdots\cdots ㉣ \end{cases}$

㉢$\times2+$㉣을 하면

$7x=14$ $\therefore x=2$

$x=2$를 ㉢에 대입하면

$4+y=1$ $\therefore y=-3$

(4) 주어진 방정식의 해는 연립방정식

$\begin{cases} 2x+y+1=1 \\ 5x-y-6=1 \end{cases}$, 즉 $\begin{cases} 2x+y=0 & \cdots\cdots ㉠ \\ 5x-y=7 & \cdots\cdots ㉡ \end{cases}$의 해와 같다.

㉠$+$㉡을 하면

$7x=7$ $\therefore x=1$

$x=1$을 ㉠에 대입하면

$2+y=0$ $\therefore y=-2$

확인 18 답 (1) ○ (2) × (3) × (4) ○

(1) $\begin{cases} x+y=4 \\ 2x+2y=8 \end{cases}$, 즉 $\begin{cases} 2x+2y=8 \\ 2x+2y=8 \end{cases}$ 이므로 해가 무수히 많다.

(2) $\begin{cases} x-y=-1 \\ 5x-5y=-1 \end{cases}$, 즉 $\begin{cases} 5x-5y=-5 \\ 5x-5y=-1 \end{cases}$ 이므로 해가 없다.

(3) $\begin{cases} x-2y=3 \\ 3x-6y=-9 \end{cases}$, 즉 $\begin{cases} 3x-6y=9 \\ 3x-6y=-9 \end{cases}$ 이므로 해가 없다.

(4) $\begin{cases} -3x+y=5 \\ 12x-4y=-20 \end{cases}$, 즉 $\begin{cases} 12x-4y=-20 \\ 12x-4y=-20 \end{cases}$ 이므로 해가 무수히 많다.

기본 09-1 $A=B=C$ 꼴의 방정식은 $\begin{cases} A=B \\ A=C \end{cases}$ 또는 $\begin{cases} A=B \\ B=C \end{cases}$ 또는 $\begin{cases} A=C \\ B=C \end{cases}$ 중의 어느 하나로 바꾸어 푼다. 답 ○

응용 09-2 $\begin{cases} x+y=1 \\ 2x-ay=b \end{cases}$에서 $\begin{cases} 2x+2y=2 \\ 2x-ay=b \end{cases}$

이 연립방정식의 해가 무수히 많으므로 $2=-a$, $2=b$이어야 한다. $\therefore a=-2, b=2$ 답 ③

확장 09-3 $\begin{cases} 0.2x-0.3y=1 & \cdots\cdots ㉠ \\ 2(y+4)+x=-2 & \cdots\cdots ㉡ \end{cases}$

㉠×10을 하고, ㉡에서 괄호를 풀어 간단히 하면

$\begin{cases} 2x-3y=10 & \cdots\cdots ㉢ \\ x+2y=-10 & \cdots\cdots ㉣ \end{cases}$

㉢−㉣×2를 하면

$-7y=30 \quad \therefore y=-\frac{30}{7}$

$y=-\frac{30}{7}$을 ㉢에 대입하면

$2x+\frac{90}{7}=10$, $2x=-\frac{20}{7}$

$\therefore x=-\frac{10}{7}$

따라서 $a=-\frac{10}{7}$, $b=-\frac{30}{7}$이므로

$a-b=-\frac{10}{7}-\left(-\frac{30}{7}\right)=\frac{20}{7}$ 답 ④

개념 10 | 본문 86쪽 |

(가) $10x+y$ (나) $x+a$ (다) 시간 (라) 소금물의 양

확인 19 답 (1) $\begin{cases} x+y=11 \\ 10y+x=10x+y+45 \end{cases}$ (2) $x=3$, $y=8$ (3) 38

(2) $\begin{cases} x+y=11 \\ 10y+x=10x+y+45 \end{cases}$, 즉 $\begin{cases} x+y=11 & \cdots\cdots ㉠ \\ x-y=-5 & \cdots\cdots ㉡ \end{cases}$에서

㉠+㉡을 하면

$2x=6 \quad \therefore x=3$

$x=3$을 ㉠에 대입하면

$3+y=11 \quad \therefore y=8$

확인 20 답 (1) $\begin{cases} x+y=55 \\ x+13=2(y+13) \end{cases}$ (2) $x=41$, $y=14$ (3) 14세

(2) $\begin{cases} x+y=55 \\ x+13=2(y+13) \end{cases}$, 즉 $\begin{cases} x+y=55 & \cdots\cdots ㉠ \\ x-2y=13 & \cdots\cdots ㉡ \end{cases}$에서

㉠−㉡을 하면

$3y=42 \quad \therefore y=14$

$y=14$를 ㉠에 대입하면

$x+14=55 \quad \therefore x=41$

기본 10-1 주어진 문장을 x, y에 대한 연립방정식으로 나타내면 $\begin{cases} x+y=6 \\ 200x+400y=2000 \end{cases}$이다. 답 ×

응용 10-2 민경이가 4점짜리 문제를 x개, 5점짜리 문제를 y개 맞혔다고 하면

$\begin{cases} x+y=21 & \cdots\cdots ㉠ \\ 4x+5y=86 & \cdots\cdots ㉡ \end{cases}$

㉠×4−㉡을 하면 $-y=-2 \quad \therefore y=2$

$y=2$를 ㉠에 대입하면 $x+2=21 \quad \therefore x=19$

따라서 민경이는 4점짜리 문제를 19개 맞혔다. 답 ③

확장 10-3 세현이가 시속 4 km로 걸어간 거리를 x km, 시속 6 km로 뛰어간 거리를 y km라 하면

$\begin{cases} x+y=5 & \cdots\cdots ㉠ \\ \frac{x}{4}+\frac{y}{6}=1 & \cdots\cdots ㉡ \end{cases}$

㉡×12를 하면 $3x+2y=12$ ⋯⋯ ㉢

㉠×2−㉢을 하면 $-x=-2 \quad \therefore x=2$

$x=2$를 ㉠에 대입하면 $2+y=5 \quad \therefore y=3$

따라서 세현이가 시속 4 km로 걸어간 거리는 2 km이다.

답 ②

개념 09, 10 마무리

| 본문 88~89쪽 |

01 ③ 02 ④, ⑤ 03 ④ 04 $x=900$, $y=300$

TIP 01 $A=B$, $B=C$ 02 없다 03 진, 이긴
04 소금물의 농도, 소금물의 양

01 주어진 방정식의 해는 연립방정식

$\begin{cases} -x+5y+14=2x-4y-13 \\ 2x-4y-13=2x-y-7 \end{cases}$, 즉

$\begin{cases} 3x-9y=27 & \cdots\cdots ㉠ \\ 3y=-6 & \cdots\cdots ㉡ \end{cases}$의 해와 같다.

㉡에서 $y=-2$

$y=-2$를 ㉠에 대입하면

$3x+18=27$, $3x=9$

$\therefore x=3$

답 ③

02 $\begin{cases} ax-10y=2 \\ -3x+5y=b \end{cases}$에서 $\begin{cases} ax-10y=2 \\ 6x-10y=-2b \end{cases}$

이 연립방정식의 해가 없으므로 $a=6$, $2\neq-2b$이어야 한다.

$\therefore a=6$, $b\neq-1$

따라서 a, b의 값이 될 수 있는 것은 ④, ⑤이다. 답 ④, ⑤

03 지원이가 가위바위보를 이긴 횟수를 x회, 진 횟수를 y회라 하면 동혁이가 이긴 횟수는 y회, 진 횟수는 x회이므로

$\begin{cases} 3x-2y=3 \\ 3y-2x=8 \end{cases}$, 즉 $\begin{cases} 3x-2y=3 & \cdots\cdots ㉠ \\ 2x-3y=-8 & \cdots\cdots ㉡ \end{cases}$

㉠×2−㉡×3을 하면

$5y=30$ $\therefore y=6$

$y=6$을 ㉠에 대입하면

$3x-12=3$, $3x=15$

$\therefore x=5$

따라서 지원이가 가위바위보를 이긴 횟수는 5회이다. 답 ④

04 $\begin{cases} x+y=1200 & \cdots\cdots ㉠ \\ \frac{6}{100}x+\frac{10}{100}y=\frac{7}{100}\times1200 & \cdots\cdots ㉡ \end{cases}$에서

㉡×100을 하면

$6x+10y=8400$ ⋯⋯ ㉢

㉠×6−㉢을 하면

$-4y=-1200$ $\therefore y=300$

$y=300$을 ㉠에 대입하면

$x+300=1200$ $\therefore x=900$ 답 $x=900$, $y=300$

중단원 마무리

| 본문 90~91쪽 |

01 ③, ④, ⑤	02 ③, ④	03 ④
04 ③	05 ④	06 ①, ④
07 ③	08 ⑤	09 ①
10 ①	11 ③	12 ③
13 (2, 3)	14 3	15 0
16 64 g		

01 주어진 x, y의 값을 $x+5y=26$에 각각 대입하면 다음과 같다.

① $-4+5\times(-6)=-34\neq26$

② $-3+5\times(-4)=-23\neq26$

③ $1+5\times5=26$

④ $11+5\times3=26$

⑤ $16+5\times2=26$

따라서 일차방정식 $x+5y=26$의 해인 것은 ③, ④, ⑤이다.

답 ③, ④, ⑤

02 주어진 연립방정식을 가감법을 이용하여 풀 때

(i) 미지수 x를 없애는 경우 x의 계수의 절댓값은 각각 2, 5이고 계수의 부호가 같으므로 필요한 식은 ㉠×5−㉡×2이다.

(ii) 미지수 y를 없애는 경우 y의 계수의 절댓값은 각각 4, 3이고 계수의 부호가 다르므로 필요한 식은 ㉠×3+㉡×4이다.

(i), (ii)에서 필요한 식은 ㉠×5−㉡×2 또는 ㉠×3+㉡×4이다. 답 ③, ④

03 $\begin{cases} 0.3x-0.4y=-0.5 & \cdots\cdots ㉠ \\ -\frac{1}{4}x+\frac{5}{8}y=1 & \cdots\cdots ㉡ \end{cases}$에서

㉠×10, ㉡×8을 하면

$\begin{cases} 3x-4y=-5 & \cdots\cdots ㉢ \\ -2x+5y=8 & \cdots\cdots ㉣ \end{cases}$

㉢×2+㉣×3을 하면

$7y=14$ $\therefore y=2$

$y=2$를 ㉢에 대입하면

$3x-8=-5$, $3x=3$

$\therefore x=1$ 답 ④

04 처음 수의 십의 자리의 숫자를 x, 일의 자리의 숫자를 y라 하면

$\begin{cases} x+y=12 \\ 10y+x=10x+y-18 \end{cases}$, 즉 $\begin{cases} x+y=12 & \cdots\cdots ㉠ \\ x-y=2 & \cdots\cdots ㉡ \end{cases}$

㉠+㉡을 하면

$2x=14 \quad \therefore x=7$

$x=7$을 ㉠에 대입하면

$7+y=12 \quad \therefore y=5$

따라서 처음 수는 75이다. 답 ③

05 $x=-1$, $y=2$를 $2x+3y=m$에 대입하면

$-2+6=m \quad \therefore m=4$

$x=-1$, $y=2$를 $4x+ny=6$에 대입하면

$-4+2n=6$, $2n=10 \quad \therefore n=5$

$\therefore m+n=4+5=9$ 답 ④

06 $\begin{cases} y=2x-1 & \cdots\cdots ㉠ \\ 3x+y=9 & \cdots\cdots ㉡ \end{cases}$에서

㉠을 ㉡에 대입하면

$3x+(2x-1)=9$

$5x=10 \quad \therefore x=2$

$x=2$를 ㉠에 대입하면 $y=3$

$x=2$, $y=3$을 각 일차방정식에 대입하면 다음과 같다.

① $2+2\times3=8$

② $2\times2+3=7\neq8$

③ $3\times2-3=3\neq7$

④ $-2+2\times3=4$

⑤ $3\times2-4\times3=-6\neq1$

따라서 주어진 연립방정식의 해를 한 해로 갖는 것은 ①, ④이다. 답 ①, ④

07 주어진 두 연립방정식의 해는 $\begin{cases} 5x+y=-3 & \cdots\cdots ㉠ \\ -x+2y=5 & \cdots\cdots ㉡ \end{cases}$의 해와 같다.

㉠×2−㉡을 하면

$11x=-11 \quad \therefore x=-1$

$x=-1$을 ㉠에 대입하면

$-5+y=-3 \quad \therefore y=2$

$x=-1$, $y=2$를 $ax+2y=5$에 대입하면

$-a+4=5$, $-a=1$

$\therefore a=-1$

$x=-1$, $y=2$를 $2x+by=4$에 대입하면

$-2+2b=4$, $2b=6$

$\therefore b=3$

$\therefore a+b=-1+3=2$ 답 ③

08 $\begin{cases} 0.3x+\frac{1}{5}y=\frac{2}{5} & \cdots\cdots ㉠ \\ 2.1x+\frac{3}{5}y=-\frac{6}{5} & \cdots\cdots ㉡ \end{cases}$

㉠×10, ㉡×10을 하면

$\begin{cases} 3x+2y=4 & \cdots\cdots ㉢ \\ 21x+6y=-12 & \cdots\cdots ㉣ \end{cases}$

㉢×3−㉣을 하면

$-12x=24 \quad \therefore x=-2$

$x=-2$를 ㉢에 대입하면

$-6+2y=4$, $2y=10$

$\therefore y=5$

따라서 $x=-2$, $y=5$를 $x+ay=2$에 대입하면

$-2+5a=2$, $5a=4$

$\therefore a=\frac{4}{5}$ 답 ⑤

09 $\begin{cases} 5x+2y=4 \\ 3ax+2by=-12 \end{cases}$에서 $\begin{cases} -15x-6y=-12 \\ 3ax+2by=-12 \end{cases}$

이 연립방정식의 해가 무수히 많으므로 $-15=3a$, $-6=2b$이어야 한다.

$\therefore a=-5$, $b=-3$

$\therefore a+b=-5+(-3)=-8$ 답 ①

10 올해 아버지의 나이를 x세, 은률이의 나이를 y세라 하면

$\begin{cases} x-6=4(y-6) & \cdots\cdots ㉠ \\ x+4=2.5(y+4) & \cdots\cdots ㉡ \end{cases}$

㉠의 괄호를 풀어 간단히 하고, ㉡×2를 하여 정리하면

$\begin{cases} x-4y=-18 & \cdots\cdots ㉢ \\ 2x-5y=12 & \cdots\cdots ㉣ \end{cases}$

㉢×2−㉣을 하면

$-3y=-48 \quad \therefore y=16$

$y=16$을 ㉢에 대입하면

$x-64=-18 \quad \therefore x=46$

따라서 올해 은률이의 나이는 16세이다. 답 ①

11 두 사람 A, B가 1일 동안 하는 일의 양을 각각 x, y라 하면

$\begin{cases} 5x+4y=1 & \cdots\cdots ㉠ \\ 2x+7y=1 & \cdots\cdots ㉡ \end{cases}$

㉠×2−㉡×5를 하면

$-27y=-3 \quad \therefore y=\frac{1}{9}$

$y=\frac{1}{9}$을 ㉠에 대입하면

$5x+\frac{4}{9}=1$, $5x=\frac{5}{9}$

$\therefore x=\frac{1}{9}$

따라서 이 일을 A가 혼자 하면 9일이 걸린다. 답 ③

12 30(분)$=\frac{30}{60}$(시간)$=\frac{1}{2}$(시간)이므로 2시간 30분은 $\frac{5}{2}$시간이다.

민우가 버스를 타고 간 거리를 x km, 걸어간 거리를 y km라 하면

$$\begin{cases} x+y=162 & \cdots\cdots ㉠ \\ \frac{x}{80}+\frac{y}{4}=\frac{5}{2} & \cdots\cdots ㉡ \end{cases}$$

㉡×80을 하면

$x+20y=200$ ...... ㉢

㉠−㉢을 하면

$-19y=-38$ $\therefore y=2$

$y=2$를 ㉠에 대입하면

$x+2=162$ $\therefore x=160$

따라서 민우가 버스를 타고 간 거리는 160 km, 걸어간 거리는 2 km이므로 그 차는

$160-2=158$(km) 답 ③

13 $(x+2)*(y+1)=20$에서

$3(x+2)+2(y+1)=20$

$3x+6+2y+2=20$

$\therefore 3x+2y=12$

이때 $x=1, 2, 3, \cdots$을 $3x+2y=12$에 차례로 대입하면 다음 표와 같다.

x	1	2	3	4	⋯
y	$\frac{9}{2}$	3	$\frac{3}{2}$	0	⋯

따라서 x, y가 자연수일 때, 주어진 식의 해는 $(2, 3)$이다.

답 $(2, 3)$

14 연립방정식 $\begin{cases} ax-by=5 \\ bx+ay=-3 \end{cases}$을 푸는데 잘못하여 a와 b를 서로 바꾸어 놓고 풀었으므로 연립방정식 $\begin{cases} bx-ay=5 \\ ax+by=-3 \end{cases}$의 해가 $x=-1$, $y=1$이다.

$x=-1$, $y=1$을 $bx-ay=5$에 대입하면

$-b-a=5$ $\therefore a+b=-5$ ...... ㉠

$x=-1$, $y=1$을 $ax+by=-3$에 대입하면

$-a+b=-3$ $\therefore a-b=3$ ...... ㉡

㉠+㉡을 하면

$2a=-2$ $\therefore a=-1$

$a=-1$을 ㉠에 대입하면

$-1+b=-5$ $\therefore b=-4$

$\therefore a-b=-1-(-4)=3$ 답 3

15 주어진 방정식의 해는 연립방정식

$$\begin{cases} \frac{2x-y}{3}=4 & \cdots\cdots ㉠ \\ \frac{3x+y}{2}=4 & \cdots\cdots ㉡ \end{cases}$$ 의 해와 같다.

㉠×3, ㉡×2를 하면

$$\begin{cases} 2x-y=12 & \cdots\cdots ㉢ \\ 3x+y=8 & \cdots\cdots ㉣ \end{cases}$$

㉢+㉣을 하면

$5x=20$ $\therefore x=4$

$x=4$를 ㉢에 대입하면

$8-y=12$, $-y=4$

$\therefore y=-4$

따라서 $a=4$, $b=-4$이므로

$a+b=4+(-4)=0$ 답 0

16 합금 A를 $4x$ g, 합금 B를 $3y$ g 섞는다고 하면 합금 A의 구리의 양은 x g, 아연의 양은 $3x$ g이고 합금 B의 구리의 양은 $2y$ g, 아연의 양은 y g이므로

$$\begin{cases} x+2y=280\times\frac{4}{7} \\ 3x+y=280\times\frac{3}{7} \end{cases}, \text{ 즉 } \begin{cases} x+2y=160 & \cdots\cdots ㉠ \\ 3x+y=120 & \cdots\cdots ㉡ \end{cases}$$

㉠−㉡×2를 하면

$-5x=-80$ $\therefore x=16$

따라서 섞어야 할 합금 A의 양은

$4x=4\times16=64$(g) 답 64 g

대단원 핵심 한눈에 보기

| 본문 94쪽 |

01 (1) 대소 (2) ③ <, <

02 (1) 좌변 (2) 상수항, a (3) ③ 최소공배수

03 (2) 참 (4) 순서쌍

04 (2) 대입 (3) ② 소수 ③ 분수

Ⅳ 일차함수

1. 일차함수와 그 그래프

개념 01 | 본문 96쪽 |

(가) 하나　(나) y

확인 1 답 (1) ○　(2) ×

(1)

x	1	2	3	4	…
y	4	5	6	7	…

따라서 x의 값이 하나 정해짐에 따라 y의 값이 오직 하나씩 정해지므로 y는 x에 대한 함수이다.

(2)

x	1	2	3	4	…
y	1, 2, 3, …	2, 4, 6, …	3, 6, 9, …	4, 8, 12, …	…

따라서 x의 값이 하나 정해짐에 따라 y의 값이 오직 하나씩 정해지지 않으므로 y는 x에 대한 함수가 아니다.

확인 2 답 (1) -3　(2) -12　(3) 6　(4) 1

(1) $f(1)=-3\times1=-3$

(2) $f(4)=-3\times4=-12$

(3) $f(-2)=-3\times(-2)=6$

(4) $f\left(-\frac{1}{3}\right)=-3\times\left(-\frac{1}{3}\right)=1$

기본 01-1 y가 x에 정비례하거나 반비례할 때, x의 값이 하나 정해짐에 따라 y의 값이 오직 하나씩 정해지므로 y는 x에 대한 함수이다.

답 ○

응용 01-2 $f(-6)=\frac{1}{2}\times(-6)=-3$

$f(8)=\frac{1}{2}\times8=4$

$\therefore f(-6)+f(8)=-3+4=1$

답 ④

확장 01-3 $f(-3)=-3a+4=1$이므로

$-3a=-3$　　$\therefore a=1$

따라서 $f(x)=x+4$이므로

$f(2)=2+4=6$　　$\therefore b=6$

$\therefore a+b=1+6=7$

답 ⑤

개념 02 | 본문 98쪽 |

(가) $ax+b$　(나) 평행이동　(다) b

확인 3 답 (1) ×　(2) ○　(3) ○　(4) ×

(1) $y=\frac{1}{x}+2$는 x가 분모에 있으므로 y는 x에 대한 일차함수가 아니다.

(3) $7x-2y-1=0$에서 $-2y=-7x+1$, $y=\frac{7}{2}x-\frac{1}{2}$이므로 y는 x에 대한 일차함수이다.

(4) $y=2x(x-4)$에서 $y=2x^2-8x$이므로 y는 x에 대한 일차함수가 아니다.

확인 4 답 (1) $y=x+3$　(2) $y=4x-2$　(3) $y=-6x+1$

(4) $y=-\frac{2}{3}x-5$

기본 02-1 일차함수 $y=ax+b$의 그래프는 일차함수 $y=ax$의 그래프를 y축의 방향으로 b만큼 평행이동한 것이다.

답 ×

응용 02-2 일차함수 $y=2x+9$의 그래프를 평행이동하여 겹쳐지려면 x의 계수가 2이어야 한다.
따라서 평행이동하여 겹쳐지는 것은 ③, ④이다.　답 ③, ④

확장 02-3 일차함수 $y=6x-3$의 그래프를 y축의 방향으로 5만큼 평행이동하면

$y=6x-3+5$　　$\therefore y=6x+2$

따라서 일차함수 $y=6x+2$의 그래프가 점 $(a, 4)$를 지나므로

$4=6a+2$, $6a=2$

$\therefore a=\frac{1}{3}$

답 ②

개념 01, 02 마무리 | 본문 100~101쪽 |

01 ②, ③　02 ⑤　03 ①, ③, ⑤　04 $-\frac{8}{3}$

TIP 01 함수　02 a, a, a　03 0　04 y, b

01 ① x를 소인수분해하면 $x=a^l\times b^m\times\cdots\times c^n$일 때,
$y=(l+1)\times(m+1)\times\cdots\times(n+1)$

즉, x의 값이 하나 정해짐에 따라 y의 값이 오직 하나씩 정해지므로 y는 x에 대한 함수이다.

② 자연수 3보다 작은 자연수는 1, 2이다.
즉, x의 값이 하나 정해짐에 따라 y의 값이 오직 하나씩 정해지지 않으므로 y는 x에 대한 함수가 아니다.

③ 자연수 2와 서로소인 자연수는 1, 3, 5, …이다.
즉, x의 값이 하나 정해짐에 따라 y의 값이 오직 하나씩 정해지지 않으므로 y는 x에 대한 함수가 아니다.

④ x와 y 사이의 관계식은 $y=\frac{x}{60}$
즉, x의 값이 하나 정해짐에 따라 y의 값이 오직 하나씩 정해지므로 y는 x에 대한 함수이다.

⑤ x와 y 사이의 관계식은 $y=x\times5$ $\quad\therefore y=5x$
즉, x의 값이 하나 정해짐에 따라 y의 값이 오직 하나씩 정해지므로 y는 x에 대한 함수이다.

따라서 y가 x에 대한 함수가 아닌 것은 ②, ③이다.

답 ②, ③

02 $f\left(\frac{1}{4}\right)=-8\times\frac{1}{4}+3=1$이므로

$a=1$

$f(1)=-8\times1+3=-5$이므로

$b=-5$

$\therefore f(b)=f(-5)=-8\times(-5)+3=43$

답 ⑤

03 ② 제1, 3, 4사분면을 지난다.

④ x의 값이 증가하면 y의 값도 증가한다.

따라서 옳은 것은 ①, ③, ⑤이다.

답 ①, ③, ⑤

04 일차함수 $y=-\frac{1}{3}x-2$의 그래프는 일차함수 $y=-\frac{1}{3}x+\frac{1}{3}$의 그래프를 y축의 방향으로 $-2-\frac{1}{3}=-\frac{7}{3}$ 만큼 평행이동한 것이므로

$a=-\frac{1}{3}$, $b=-\frac{7}{3}$

$\therefore a+b=-\frac{1}{3}+\left(-\frac{7}{3}\right)=-\frac{8}{3}$

답 $-\frac{8}{3}$

개념 03 | 본문 102쪽 |

(가) b (나) y절편

확인 5 답 (1) x절편: 3, y절편: -3
(2) x절편: $-\frac{1}{5}$, y절편: 1
(3) x절편: 8, y절편: -4
(4) x절편: $-\frac{1}{2}$, y절편: $-\frac{1}{3}$

(1) $y=x-3$에 $y=0$을 대입하면

$0=x-3$ $\quad\therefore x=3$

$y=x-3$에 $x=0$을 대입하면

$y=-3$

따라서 x절편은 3이고, y절편은 -3이다.

(2) $y=5x+1$에 $y=0$을 대입하면

$0=5x+1$, $5x=-1$

$\therefore x=-\frac{1}{5}$

$y=5x+1$에 $x=0$을 대입하면

$y=1$

따라서 x절편은 $-\frac{1}{5}$이고, y절편은 1이다.

(3) $y=\frac{1}{2}x-4$에 $y=0$을 대입하면

$0=\frac{1}{2}x-4$, $\frac{1}{2}x=4$

$\therefore x=8$

$y=\frac{1}{2}x-4$에 $x=0$을 대입하면

$y=-4$

따라서 x절편은 8이고, y절편은 -4이다.

(4) $y=-\frac{2}{3}x-\frac{1}{3}$에 $y=0$을 대입하면

$0=-\frac{2}{3}x-\frac{1}{3}$, $\frac{2}{3}x=-\frac{1}{3}$

$\therefore x=-\frac{1}{2}$

$y=-\frac{2}{3}x-\frac{1}{3}$에 $x=0$을 대입하면

$y=-\frac{1}{3}$

따라서 x절편은 $-\frac{1}{2}$이고, y절편은 $-\frac{1}{3}$이다.

확인 6 답 (1) x절편: -2, y절편: 2, 그래프는 해설 참조
(2) x절편: 3, y절편: 1, 그래프는 해설 참조

(1) $y=x+2$에 $y=0$을 대입하면

$0=x+2$ $\quad\therefore x=-2$

$y=x+2$에 $x=0$을 대입하면

$y=2$

따라서 x절편은 -2이고, y절편은 2이므로 일차함수 $y=x+2$의 그래프는 오른쪽 그림과 같다.

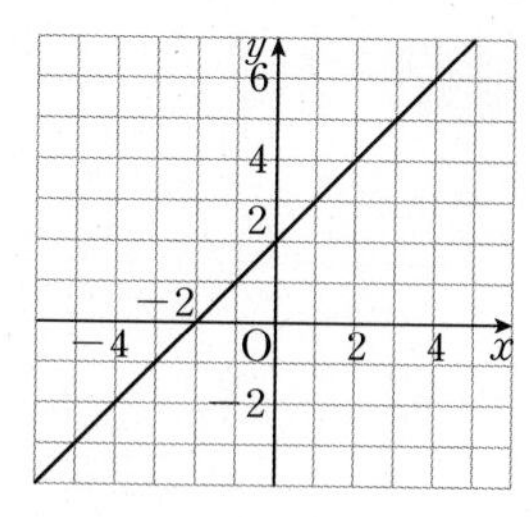

(2) $y=-\frac{1}{3}x+1$에 $y=0$을 대입하면

$0=-\frac{1}{3}x+1$, $\frac{1}{3}x=1$

$\therefore x=3$

$y=-\frac{1}{3}x+1$에 $x=0$을 대입하면

$y=1$

따라서 x절편은 3이고, y절편은 1이므로 일차함수 $y=-\frac{1}{3}x+1$의 그래프는 오른쪽 그림과 같다.

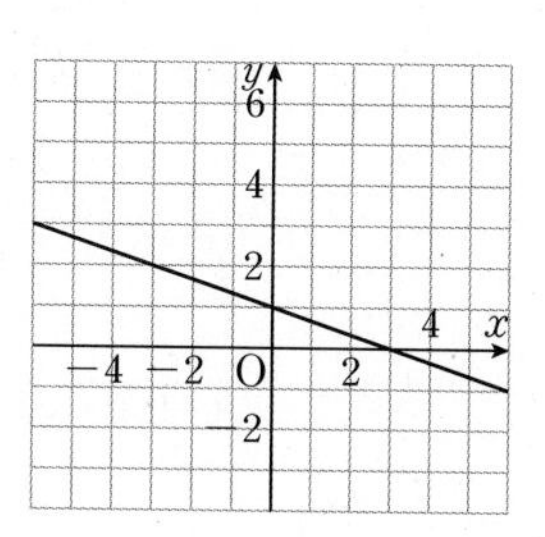

기본 03-1 일차함수 $y=ax+b$의 그래프의 x절편은 $y=0$일 때의 x의 값이므로

$0=ax+b \quad \therefore x=-\frac{b}{a}$

답 ×

응용 03-2 $y=-\frac{3}{4}x-2$에 $y=0$을 대입하면

$0=-\frac{3}{4}x-2$, $\frac{3}{4}x=-2$

$\therefore x=-\frac{8}{3}$

① $y=-16x+6$에 $y=0$을 대입하면

$0=-16x+6$, $16x=6$

$\therefore x=\frac{3}{8}$

② $y=-\frac{8}{3}x-1$에 $y=0$을 대입하면

$0=-\frac{8}{3}x-1$, $\frac{8}{3}x=-1$

$\therefore x=-\frac{3}{8}$

③ $y=\frac{1}{2}x+\frac{4}{3}$에 $y=0$을 대입하면

$0=\frac{1}{2}x+\frac{4}{3}$, $\frac{1}{2}x=-\frac{4}{3}$

$\therefore x=-\frac{8}{3}$

④ $y=\frac{1}{4}x+\frac{2}{3}$에 $y=0$을 대입하면

$0=\frac{1}{4}x+\frac{2}{3}$, $\frac{1}{4}x=-\frac{2}{3}$

$\therefore x=-\frac{8}{3}$

⑤ $y=3x-8$에 $y=0$을 대입하면

$0=3x-8$, $3x=8$

$\therefore x=\frac{8}{3}$

따라서 일차함수 $y=-\frac{3}{4}x-2$의 그래프와 x절편이 같은 것은 ③, ④이다.

답 ③, ④

확장 03-3 일차함수 $y=2x+a$의 그래프를 y축의 방향으로 -1만큼 평행이동하면

$y=2x+a-1$

$y=2x+a-1$에 $y=0$을 대입하면

$0=2x+a-1$, $2x=-a+1$

$\therefore x=\frac{-a+1}{2}$

이때 x절편이 $2a$이므로

$\frac{-a+1}{2}=2a$, $-a+1=4a$

$-5a=-1 \quad \therefore a=\frac{1}{5}$

따라서 일차함수 $y=2x+\frac{1}{5}$의 그래프의 y절편은 $\frac{1}{5}$이다.

답 ④

개념 04

| 본문 104쪽 |

(가) a (나) 직선

확인 7 답 (1) -1 (2) 3 (3) -2 (4) $-\frac{1}{3}$

(1) $(\text{기울기})=\frac{2-5}{3-0}$

$=\frac{-3}{3}=-1$

(2) $(\text{기울기})=\frac{4-(-2)}{4-2}$

$=\frac{6}{2}=3$

(3) $(\text{기울기})=\frac{-8-(-4)}{1-(-1)}$

$=\frac{-4}{2}=-2$

(4) (기울기)$=\frac{-4-(-7)}{-3-6}$

$=\frac{3}{-9}=-\frac{1}{3}$

확인 8 답 (1) 기울기: 2, y절편: 2, 그래프는 해설 참조
(2) 기울기: $-\frac{4}{3}$, y절편: 4, 그래프는 해설 참조

(1) 일차함수 $y=2x+2$의 그래프의 기울기는 2이고, y절편은 2이므로 그래프는 오른쪽 그림과 같다.

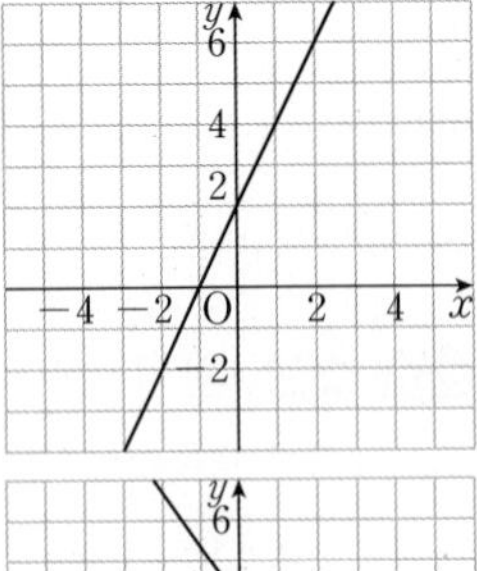

(2) 일차함수 $y=-\frac{4}{3}x+4$의 그래프의 기울기는 $-\frac{4}{3}$이고, y절편은 4이므로 그래프는 오른쪽 그림과 같다.

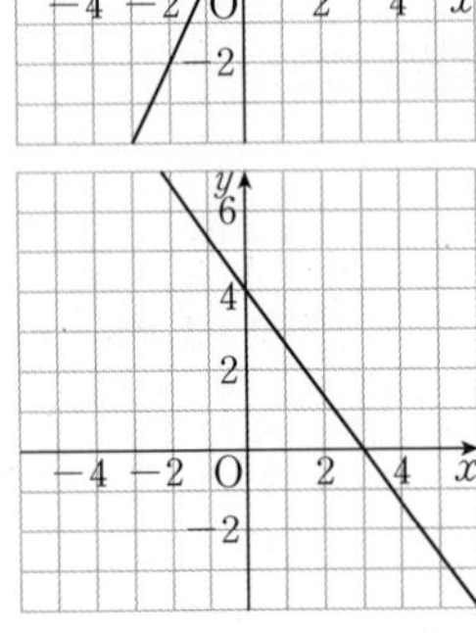

기본 04-1 일차함수 $y=ax+b$의 그래프의 기울기는 a이고, y절편은 b이다. 답 ×

응용 04-2 일차함수 $y=-\frac{5}{2}x-1$의 그래프의 기울기는 $-\frac{5}{2}$이므로

$\frac{(y\text{의 값의 증가량})}{2-(-2)}=-\frac{5}{2}$

$\frac{(y\text{의 값의 증가량})}{4}=-\frac{5}{2}$

$\therefore$ (y의 값의 증가량)$=-10$ 답 ①

확장 04-3 두 점 A$(-3, 5)$, B$(3, 2)$를 지나는 직선의 기울기는

$\frac{2-5}{3-(-3)}=\frac{-3}{6}=-\frac{1}{2}$

두 점 B$(3, 2)$, C(a, b)를 지나는 직선의 기울기는

$\frac{b-2}{a-3}$

이때 두 점 A$(-3, 5)$, B$(3, 2)$를 지나는 직선의 기울기는 두 점 B$(3, 2)$, C(a, b)를 지나는 직선의 기울기와 서로 같으므로

$\frac{b-2}{a-3}=-\frac{1}{2}$, $a-3=-2b+4$

$\therefore a+2b=7$ 답 ⑤

개념 05 | 본문 106쪽 |

(가) 증가 (나) 감소 (다) 평행 (라) 일치

확인 9 답 (1) $a>0$, $b>0$ (2) $a>0$, $b<0$
(3) $a<0$, $b<0$

(1) 그래프가 오른쪽 위로 향하는 직선이므로
$a>0$
그래프가 y축과 x축의 위쪽에서 만나므로
$b>0$

(2) 그래프가 오른쪽 위로 향하는 직선이므로
$a>0$
그래프가 y축과 x축의 아래쪽에서 만나므로
$b<0$

(3) 그래프가 오른쪽 아래로 향하는 직선이므로
$a<0$
그래프가 y축과 x축의 아래쪽에서 만나므로
$b<0$

확인 10 답 (1) ㄱ과 ㅂ (2) ㄴ과 ㄹ

(1) 두 직선이 서로 평행하려면 기울기가 같고, y절편이 달라야 하므로 서로 평행한 두 직선은 ㄱ과 ㅂ이다.

(2) 두 직선이 서로 일치하려면 기울기가 같고, y절편도 같아야 하므로 서로 일치하는 두 직선은 ㄴ과 ㄹ이다.

기본 05-1 일차함수 $y=ax+b$의 그래프는 $a<0$이므로 오른쪽 아래로 향하는 직선이고, $b>0$이므로 y축과 x축의 위쪽에서 만난다.

따라서 일차함수 $y=ax+b$의 그래프는 오른쪽 그림과 같이 제1, 2, 4사분면을 지난다. 답 ×

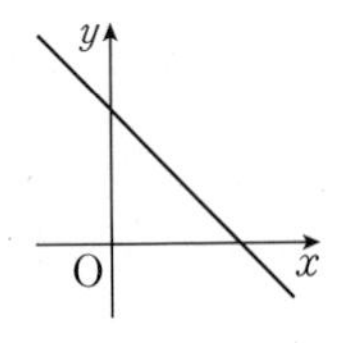

응용 05-2 그래프가 오른쪽 위로 향하는 직선이므로
$a>0$
그래프가 y축과 x축의 아래쪽에서 만나므로
$-b<0$ $\therefore b>0$

② $b>0$

③ $a>0$, $b>0$이므로 $a+b>0$

④ $a-b$의 부호는 알 수 없다.

⑤ $a>0$, $b>0$이므로 $ab>0$ $\therefore -ab<0$

따라서 옳은 것은 ①, ③, ⑤이다. 답 ①, ③, ⑤

확장 05-3 두 일차함수 $y=-6x+7$, $y=ax+b$의 그래프가 서로 평행하므로 기울기는 같고, y절편은 달라야 한다.

$\therefore a=-6,\ b\neq7$

따라서 a, b의 값이 될 수 있는 것은 ①, ②이다. 답 ①, ②

개념 03, 04, 05 마무리 | 본문 108~109쪽 |

01 ④ 02 ③ 03 ⑤ 04 $\frac{3}{2}$

TIP

01 $-\frac{b}{a}$, b 02 y, x, a

03 $a>0$, $a<0$, $b>0$, $b<0$ 04 다르면, 같으면

01 일차함수 $y=\frac{7}{2}x+4$의 그래프를 y축의 방향으로 -2만큼 평행이동하면

$y=\frac{7}{2}x+4-2 \quad \therefore y=\frac{7}{2}x+2$

$y=\frac{7}{2}x+2$에 $y=0$을 대입하면

$0=\frac{7}{2}x+2$, $\frac{7}{2}x=-2$

$\therefore x=-\frac{4}{7}$

$y=\frac{7}{2}x+2$에 $x=0$을 대입하면

$y=2$

따라서 x절편은 $-\frac{4}{7}$, y절편은 2이므로

$a=-\frac{4}{7}$, $b=2$

$\therefore a+b=-\frac{4}{7}+2=\frac{10}{7}$ 답 ④

02 두 점 $(-3,\ -k)$, $(1,\ 5)$를 지나는 일차함수의 그래프의 기울기가 2이므로

$\frac{5-(-k)}{1-(-3)}=2$, $\frac{5+k}{4}=2$

$5+k=8 \quad \therefore k=3$ 답 ③

03 일차함수 $y=(a-b)x+ab$의 그래프가 제2, 3, 4사분면을 지나므로 (기울기)<0, (y절편)<0이어야 한다.

즉, $a-b<0$, $ab<0$이므로

$a<0$, $b>0 \quad \therefore a<0,\ -b<0$

따라서 일차함수 $y=ax-b$의 그래프는 오른쪽 그림과 같으므로 ⑤와 같다. 답 ⑤

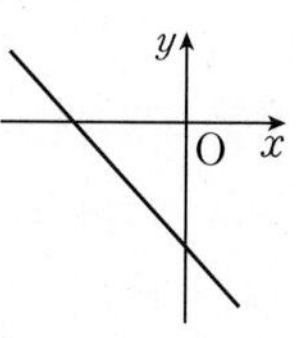

04 두 점 $(0,\ -1)$, $(4,\ 5)$를 지나는 일차함수의 그래프의 기울기는

$\frac{5-(-1)}{4-0}=\frac{6}{4}=\frac{3}{2}$

이때 두 점 $(-1,\ 0)$, $(0,\ a)$를 지나는 일차함수의 그래프의 기울기도 $\frac{3}{2}$이므로

$\frac{a-0}{0-(-1)}=\frac{3}{2} \quad \therefore a=\frac{3}{2}$ 답 $\frac{3}{2}$

중단원 마무리 | 본문 110~111쪽 |

01 ④	02 ①, ②, ④	03 ①, ③
04 ③, ⑤	05 ①, ②, ⑤	06 ④
07 ③	08 ⑤	09 ⑤
10 ②	11 ①, ③, ④	12 ②, ⑤
13 $a=0,\ b\neq2$	14 $\frac{1}{2}$	15 $k>-\frac{1}{5}$
16 4		

01 $f(3)=-\frac{1}{3}\times3=-1$

$f(-9)=-\frac{1}{3}\times(-9)=3$

$\therefore f(3)+f(-9)=-1+3=2$ 답 ④

02 ③ $xy=12$에서 $y=\frac{12}{x}(x\neq0)$이므로 y는 x에 대한 일차함수가 아니다.

④ $8y=x+1$에서 $y=\frac{1}{8}x+\frac{1}{8}$이므로 y는 x에 대한 일차함수이다.

⑤ $y=x(x+2)-11$에서 $y=x^2+2x-11$이므로 y는 x에 대한 일차함수가 아니다.

따라서 y가 x에 대한 일차함수인 것은 ①, ②, ④이다.

답 ①, ②, ④

03 일차함수 $y=ax+b$의 그래프가 x의 값이 증가할 때, y의 값은 감소하려면 $a<0$이어야 한다.

따라서 x의 값이 증가할 때, y의 값은 감소하는 것은 ①, ③이다. 답 ①, ③

04 일차함수 $y=-\frac{1}{2}x+3$의 그래프와 평행하려면 기울기가 같고, y절편이 달라야 하므로 (기울기)$=-\frac{1}{2}$, (y절편)$\neq 3$이어야 한다.
따라서 일차함수 $y=-\frac{1}{2}x+3$의 그래프와 평행한 것은 ③, ⑤이다. 답 ③, ⑤

05 ① 자연수 10보다 작은 합성수는 4, 6, 8, 9이다.
즉, x의 값이 하나 정해짐에 따라 y의 값이 오직 하나씩 정해지지 않으므로 y는 x에 대한 함수가 아니다.
② x의 값이 하나 정해짐에 따라 y의 값이 오직 하나씩 정해지지 않으므로 y는 x에 대한 함수가 아니다.
③ x와 y 사이의 관계식은
$y=3\times x$　　$\therefore y=3x$
즉, x의 값이 하나 정해짐에 따라 y의 값이 오직 하나씩 정해지므로 y는 x에 대한 함수이다.
④ x와 y 사이의 관계식은
$y=\frac{x}{200}\times 100$　　$\therefore y=\frac{x}{2}$
즉, x의 값이 하나 정해짐에 따라 y의 값이 오직 하나씩 정해지므로 y는 x에 대한 함수이다.
⑤ x의 값이 하나 정해짐에 따라 y의 값이 오직 하나씩 정해지지 않으므로 y는 x에 대한 함수가 아니다.
따라서 y가 x에 대한 함수가 아닌 것은 ①, ②, ⑤이다.
답 ①, ②, ⑤

06 일차함수 $y=-3x+a-2$의 그래프를 y축의 방향으로 -4만큼 평행이동하면
$y=-3x+a-2-4$　　$\therefore y=-3x+a-6$
이것이 일차함수 $y=bx$의 그래프와 겹쳐지므로
$-3=b$, $a-6=0$　　$\therefore a=6$, $b=-3$
$\therefore a+b=6+(-3)=3$ 답 ④

07 일차함수 $y=ax-5$의 그래프가 점 $(-3, -4)$를 지나므로
$-4=-3a-5$, $3a=-1$　　$\therefore a=-\frac{1}{3}$
따라서 일차함수 $y=-\frac{1}{3}x-5$의 그래프가 점 $(b, 1)$을 지나므로
$1=-\frac{1}{3}b-5$, $\frac{1}{3}b=-6$
$\therefore b=-18$
$\therefore ab=-\frac{1}{3}\times(-18)=6$ 답 ③

08 $y=-2x+12$에 $y=0$을 대입하면
$0=-2x+12$, $2x=12$　　$\therefore x=6$
$y=-\frac{3}{5}x+a$에 $x=0$을 대입하면
$y=a$
이때 일차함수 $y=-2x+12$의 그래프의 x절편과 일차함수 $y=-\frac{3}{5}x+a$의 그래프의 y절편이 서로 같으므로
$a=6$ 답 ⑤

09 일차함수 $f(x)=ax+b$의 그래프에서 y절편이 $\frac{3}{5}$이므로 $b=\frac{3}{5}$
또, $\frac{f(6)-f(2)}{6-2}=\frac{1}{5}$에서 기울기가 $\frac{1}{5}$이므로
$a=\frac{1}{5}$
$\therefore a+b=\frac{1}{5}+\frac{3}{5}=\frac{4}{5}$ 답 ⑤

10 두 점 $A(-1, 4)$, $B(2, -2)$를 지나는 직선의 기울기는
$\frac{-2-4}{2-(-1)}=\frac{-6}{3}=-2$
두 점 $B(2, -2)$, $C(k, k+4)$를 지나는 직선의 기울기는
$\frac{k+4-(-2)}{k-2}=\frac{k+6}{k-2}$
이때 두 점 $A(-1, 4)$, $B(2, -2)$를 지나는 직선의 기울기는 두 점 $B(2, -2)$, $C(k, k+4)$를 지나는 직선의 기울기와 서로 같으므로
$\frac{k+6}{k-2}=-2$, $k+6=-2k+4$
$3k=-2$　　$\therefore k=-\frac{2}{3}$ 답 ②

11 점 $(-ab, a+b)$가 제2사분면 위에 있으므로
$-ab<0$, $a+b>0$
$\therefore a>0$, $b>0$
이때 $\frac{b}{a}>0$, $-a<0$이므로 일차함수 $y=\frac{b}{a}x-a$의 그래프는 오른쪽 위로 향하고, y축과 x축의 아래쪽에서 만나므로 제1, 3, 4사분면을 지난다. 답 ①, ③, ④

12 일차함수 $y=1-6x$의 그래프와 일치하려면 기울기가 같고, y절편도 같아야 하므로 (기울기)$=-6$, (y절편)$=1$이어야 한다.

③ $y=2(1-3x)$에서 $y=2-6x$

④ $y=6(1-x)$에서 $y=6-6x$

⑤ $y=-6\left(x-\frac{1}{6}\right)$에서 $y=-6x+1$

따라서 일차함수 $y=1-6x$의 그래프와 일치하는 것은 ②, ⑤이다.

답 ②, ⑤

13 $y=-2x(ax+1)+bx-3$에서

$y=-2ax^2+(b-2)x-3$

따라서 함수 $y=-2x(ax+1)+bx-3$이 x에 대한 일차함수가 되려면 $-2a=0$, $b-2\neq0$이어야 하므로 $a=0$, $b\neq2$이어야 한다.

답 $a=0$, $b\neq2$

14 $y=ax+4$에 $y=0$을 대입하면

$0=ax+4$, $-ax=4$

$\therefore x=-\frac{4}{a}$

$y=ax+4$에 $x=0$을 대입하면

$y=4$

즉, 일차함수 $y=ax+4$의 그래프의 x절편은 $-\frac{4}{a}$이고, y절편은 4이다.

이때 일차함수 $y=ax+4$의 그래프와 x축, y축으로 둘러싸인 도형의 넓이가 16이고 a가 양수이므로

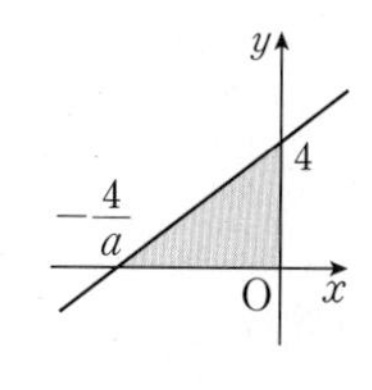

$\frac{1}{2}\times\frac{4}{a}\times4=16$, $\frac{8}{a}=16$

$\therefore a=\frac{1}{2}$

답 $\frac{1}{2}$

15 일차함수 $y=(5k+1)x+k^2$의 그래프가 제4사분면을 지나지 않으려면 (기울기)>0, (y절편)>0이어야 하므로

$5k+1>0$, $k^2>0$이어야 한다.

$5k+1>0$에서

$5k>-1$ $\therefore k>-\frac{1}{5}$

이때 $k^2>0$은 항상 성립하므로 구하는 k의 값의 범위는

$k>-\frac{1}{5}$

답 $k>-\frac{1}{5}$

16 두 점 $(-2, a-3)$, $(2, 3a+9)$를 지나는 일차함수의 그래프의 기울기가 5이어야 하므로

$\frac{3a+9-(a-3)}{2-(-2)}=5$, $\frac{2a+12}{4}=5$

$2a+12=20$, $2a=8$

$\therefore a=4$

답 4

2. 일차함수와 일차방정식의 관계

개념 06 | 본문 112쪽 |

(가) $ax+b$ (나) b

확인 11 답 (1) $y=3x-2$ (2) $y=-4x-1$ (3) $y=\frac{1}{5}x+\frac{1}{2}$

(3) 직선 $y=\frac{1}{5}x-\frac{6}{5}$과 평행하므로 기울기는 $\frac{1}{5}$이고, y절편이 $\frac{1}{2}$이므로 구하는 일차함수의 식은

$y=\frac{1}{5}x+\frac{1}{2}$

확인 12 답 (1) $y=2x+1$ (2) $y=4x+6$ (3) $y=\frac{3}{2}x-7$

(1) 기울기가 2이므로 구하는 일차함수의 식을 $y=2x+b$로 놓자.

직선이 점 $(1, 3)$을 지나므로

$3=2+b$ $\therefore b=1$

따라서 구하는 일차함수의 식은

$y=2x+1$

(2) 기울기가 4이므로 구하는 일차함수의 식을 $y=4x+b$로 놓자.

직선이 점 $(-1, 2)$를 지나므로

$2=-4+b$ $\therefore b=6$

따라서 구하는 일차함수의 식은

$y=4x+6$

(3) 직선 $y=\frac{3}{2}x-7$과 평행하므로 기울기는 $\frac{3}{2}$이다.

이때 구하는 일차함수의 식을 $y=\frac{3}{2}x+b$로 놓으면 직선이 점 $(2, -4)$를 지나므로

$-4=3+b$ $\therefore b=-7$

따라서 구하는 일차함수의 식은

$y=\frac{3}{2}x-7$

기본 06-1 기울기가 $\frac{1}{2}$이고, y절편이 $-\frac{1}{3}$인 직선을 그래프로 하는 일차함수의 식은 $y=\frac{1}{2}x-\frac{1}{3}$이다.

답 ×

응용 06-2 x의 값이 3만큼 증가할 때, y의 값은 6만큼 감소하므로 기울기는 $\frac{-6}{3}=-2$

이때 y절편은 4이므로 구하는 일차함수의 식은

$y=-2x+4$ 답 ②

확장 06-3 일차함수 $y=-\frac{2}{5}x+\frac{8}{5}$의 그래프와 평행하므로 기울기는 $-\frac{2}{5}$이다.

이때 구하는 일차함수의 식을 $y=-\frac{2}{5}x+b$로 놓으면 직선이 점 $(10, -2)$를 지나므로

$-2=-4+b \quad \therefore b=2$

따라서 구하는 일차함수의 식은

$y=-\frac{2}{5}x+2$

이 직선이 점 $(a, a+3)$을 지나므로

$a+3=-\frac{2}{5}a+2, \frac{7}{5}a=-1$

$\therefore a=-\frac{5}{7}$ 답 ①

개념 07

| 본문 114쪽 |

(가) a (나) $-\frac{n}{m}$ (다) n

확인 13 답 (1) $y=-x+5$ (2) $y=2x+1$

(1) 두 점 $(3, 2)$, $(10, -5)$를 지나는 직선의 기울기는

$\frac{-5-2}{10-3}=\frac{-7}{7}=-1$

이때 구하는 일차함수의 식을 $y=-x+b$로 놓으면 직선이 점 $(3, 2)$를 지나므로

$2=-3+b \quad \therefore b=5$

따라서 구하는 일차함수의 식은

$y=-x+5$

(2) 두 점 $(-1, -1)$, $(4, 9)$를 지나는 직선의 기울기는

$\frac{9-(-1)}{4-(-1)}=\frac{10}{5}=2$

이때 구하는 일차함수의 식을 $y=2x+b$로 놓으면 직선이 점 $(-1, -1)$을 지나므로

$-1=-2+b \quad \therefore b=1$

따라서 구하는 일차함수의 식은

$y=2x+1$

확인 14 답 (1) $y=3x-6$ (2) $y=-\frac{1}{2}x-2$

(1) 주어진 직선이 두 점 $(2, 0)$, $(0, -6)$을 지나므로 기울기는

$\frac{-6-0}{0-2}=\frac{-6}{-2}=3$

이때 y절편은 -6이므로 구하는 일차함수의 식은

$y=3x-6$

(2) 주어진 직선이 두 점 $(-4, 0)$, $(0, -2)$를 지나므로 기울기는

$\frac{-2-0}{0-(-4)}=\frac{-2}{4}=-\frac{1}{2}$

이때 y절편은 -2이므로 구하는 일차함수의 식은

$y=-\frac{1}{2}x-2$

기본 07-1 일차함수 $y=f(x)$의 그래프가 두 점 (x_1, y_1), (x_2, y_2)를 지나므로

$y_1=f(x_1)$, $y_2=f(x_2)$

$\therefore (\text{기울기})=\frac{(y\text{의 값의 증가량})}{(x\text{의 값의 증가량})}$

$=\frac{y_2-y_1}{x_2-x_1}=\frac{y_1-y_2}{x_1-x_2}$

$=\frac{f(x_2)-f(x_1)}{x_2-x_1}=\frac{f(x_1)-f(x_2)}{x_1-x_2}$ 답 ○

응용 07-2 두 점 $(-3, -11)$, $(6, -2)$를 지나는 직선의 기울기는

$\frac{-2-(-11)}{6-(-3)}=\frac{9}{9}=1$

이때 구하는 일차함수의 식을 $y=x+b$로 놓으면 직선이 점 $(-3, -11)$을 지나므로

$-11=-3+b \quad \therefore b=-8$

즉, 구하는 일차함수의 식은

$y=x-8$

$y=x-8$에 각 점의 좌표를 대입하면 다음과 같다.

① $-9=-1-8$

② $-\frac{15}{2}\neq-\frac{1}{2}-8=-\frac{17}{2}$

③ $-\frac{13}{2}=\frac{3}{2}-8$

④ $-4=4-8$

⑤ $1\neq7-8=-1$

따라서 조건을 만족시키는 직선 위의 점인 것은 ①, ③, ④이다. 답 ①, ③, ④

확장 07-3 주어진 직선이 두 점 (0, 10), (5, 0)을 지나므로 기울기는

$\frac{0-10}{5-0}=\frac{-10}{5}=-2$

이때 y절편은 10이므로 구하는 일차함수의 식은

$y=-2x+10$

따라서 $a=-2$, $b=10$이므로

$a+b=-2+10=8$ 답 ④

개념 08 | 본문 116쪽 |

(가) $y=ax+b$

확인 15 답 (1) 해설 참조 (2) $y=300x+500$ (3) 2600원

(1)

x(자루)	1	2	3	4	⋯
y(원)	800	1100	1400	1700	⋯

(2) (전체 가격)=300×(연필의 수)+500이므로

$y=300x+500$

(3) $y=300x+500$에 $x=7$을 대입하면

$y=2100+500=2600$

따라서 연필을 7자루 사서 봉투에 넣어 포장할 때, 전체 가격은 2600원이다.

확인 16 답 (1) 해설 참조 (2) $y=40-2x$ (3) 22 cm

(1)

x(분)	1	2	3	4	⋯
y(cm)	38	36	34	32	⋯

(2) (남아 있는 양초의 길이)=40−2×(불을 붙인 시간)이므로

$y=40-2x$

(3) $y=40-2x$에 $x=9$를 대입하면

$y=40-18=22$

따라서 불을 붙인 지 9분 후에 남아 있는 양초의 길이는 22 cm이다.

기본 08-1 지면으로부터의 높이가 100 m 높아질 때마다 기온은 0.6 ℃씩 내려가므로 지면으로부터의 높이가 1 km 높아질 때마다 기온은 6 ℃씩 내려간다.

현재 지면의 기온이 30 ℃일 때, 지면으로부터의 높이가 x km인 지점의 기온을 y ℃라 하면

$y=30-6x$

$y=30-6x$에 $x=2$를 대입하면

$y=30-12=18$

따라서 현재 지면의 기온이 30 ℃일 때, 지면으로부터의 높이가 2 km인 지점의 기온은 18 ℃이다. 답 ○

응용 08-2 용수철 저울에 매단 물체의 무게가 10 g 증가할 때마다 용수철의 길이가 1 cm씩 늘어나므로 저울에 매단 물체의 무게가 1 g 증가할 때마다 용수철의 길이는 $\frac{1}{10}$ cm씩 늘어난다.

길이가 30 cm인 용수철 저울에 무게가 x g인 물체를 매달 때, 용수철의 길이를 y cm라 하면

$y=\frac{1}{10}x+30$

$y=\frac{1}{10}x+30$에 $y=35$를 대입하면

$35=\frac{1}{10}x+30$, $\frac{1}{10}x=5$

$\therefore x=50$

따라서 용수철의 길이가 35 cm가 되는 것은 무게가 50 g인 물체를 매달 때이다. 답 ⑤

확장 08-3 휘발유 1 L로 12 km를 달리므로 1 km를 달릴 때 휘발유는 $\frac{1}{12}$L가 필요하다.

이 자동차에 80 L의 휘발유가 들어 있을 때, 자동차가 x km를 달린 후 남아 있는 휘발유의 양을 y L라 하면

$y=80-\frac{1}{12}x$

$y=80-\frac{1}{12}x$에 $x=300$을 대입하면

$y=80-25=55$

따라서 자동차가 300 km를 달린 후 남아 있는 휘발유의 양은 55 L이다. 답 ④

개념 06, 07, 08 마무리 | 본문 118~119쪽 |

01 ③ **02** ④ **03** 175L, 12분 **04** ③

TIP

01 $ax+b$ **02** y_1-y_2, b **03** y, 일차함수

04 거리, 속력

01 x의 값이 10만큼 증가할 때, y의 값은 −5만큼 감소하므로 기울기는

$\frac{-(-5)}{10}=\frac{1}{2}$

또, 직선이 점 (0, 2)를 지나므로 y절편은 2이다.
따라서 구하는 일차함수의 식은
$y=\frac{1}{2}x+2$ 답 ③

02 두 점 (1, −2), (3, 4)를 지나는 직선의 기울기는
$\frac{4-(-2)}{3-1}=\frac{6}{2}=3$
이때 구하는 일차함수의 식을 $y=3x+b$로 놓으면 직선이 점 (1, −2)를 지나므로
$-2=3+b \quad \therefore b=-5$
즉, 두 점 (1, −2), (3, 4)를 지나는 일차함수의 식은
$y=3x-5$
이때 일차함수 $y=3x-5$의 그래프를 y축의 방향으로 1만큼 평행이동한 직선을 그래프로 하는 일차함수의 식은
$y=3x-5+1 \quad \therefore y=3x-4$
따라서 $m=3$, $n=-4$이므로
$m-n=3-(-4)=7$ 답 ④

03 물이 흘러나오기 시작한 지 x분 후에 물통에 남아 있는 물의 양을 y L라 하면
$y=300-25x$
$y=300-25x$에 $x=5$를 대입하면
$y=300-125=175$
즉, 물이 흘러나오기 시작한 지 5분 후에 물통에 남아 있는 물의 양은 175 L이다.
또, $y=300-25x$에 $y=0$을 대입하면
$0=300-25x$, $25x=300$
$\therefore x=12$
즉, 물이 모두 흘러나올 때까지 걸린 시간은 12분이다.
답 175 L, 12분

04 2.4 km=2400 m이므로 수경이가 출발한 지 x분 후에 공원까지 남은 거리를 y m라 하면
$y=2400-80x$
$y=2400-80x$에 $x=20$을 대입하면
$y=2400-1600=800$
따라서 수경이가 출발한 지 20분 후에 공원까지 남은 거리는 800 m이다. 답 ③

개념 09 | 본문 120쪽 |

(가) $-\frac{a}{b}x-\frac{c}{b}$ (나) y (다) x

확인 17 답 해설 참조

(1)

x	−2	−1	0	1	2
y	5	3	1	−1	−3

(2)
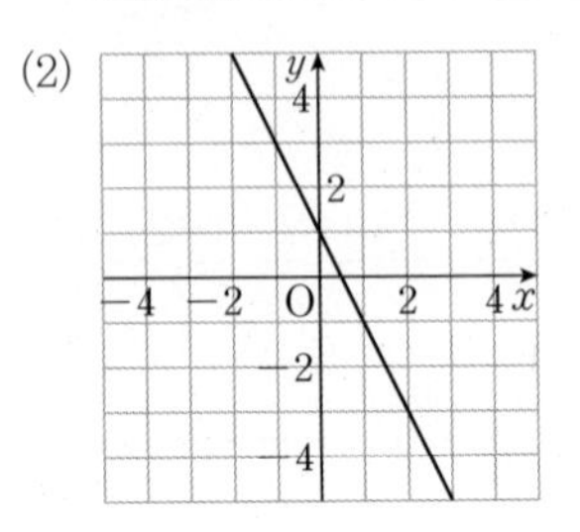

확인 18 답 (1) $x=-2$ (2) $y=-1$ (3) $y=\frac{2}{3}$ (4) $x=6$

(1) y축에 평행한 직선은 $x=p$ 꼴이므로
$x=-2$
(2) x축에 평행한 직선은 $y=q$ 꼴이므로
$y=-1$
(3) y축에 수직인 직선은 $y=q$ 꼴이므로
$y=\frac{2}{3}$
(4) 두 점 (6, 2), (6, −2)를 지나는 직선은 $x=p$ 꼴이므로
$x=6$

기본 09-1 $4x-2y-8=0$에서 $-2y=-4x+8$
$\therefore y=2x-4$
따라서 일차방정식 $4x-2y-8=0$의 그래프는 일차함수 $y=2x-4$의 그래프와 같다. 답 ×

응용 09-2 $9x-3y+15=0$에서 $-3y=-9x-15$
$\therefore y=3x+5$
이때 일차방정식 $9x-3y+15=0$의 그래프는 오른쪽 그림과 같다.

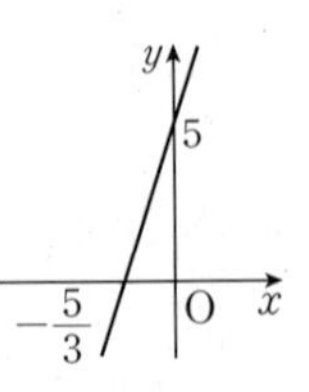

① $0\neq3\times\frac{5}{3}+5=10$
즉, 그래프는 점 $\left(\frac{5}{3}, 0\right)$을 지나지 않는다.
③ y절편은 5이다.
⑤ 일차함수 $y=-3x+4$의 그래프와 기울기가 서로 다르므로 평행하지 않다.
따라서 옳은 것은 ②, ④이다. 답 ②, ④

확장 09-3 직선 l은 x축에 수직이므로 $x=p$ 꼴이다.

$\therefore x=3$

직선 m은 두 점 $(-3, 5)$, $(2, 5)$를 지나므로 $y=q$ 꼴이다.

$\therefore y=5$

따라서 오른쪽 그림에서 구하는 도형의 넓이는

$(3-0)\times(5-0)=15$

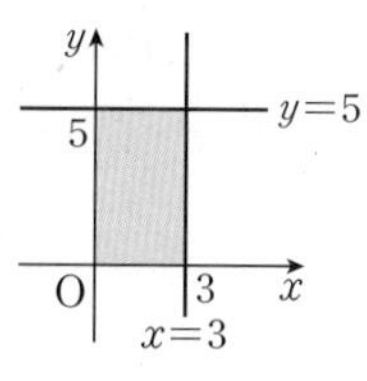

답 ⑤

개념 10

| 본문 122쪽 |

(가) 교점

확인 19 답 (1) $(2, 2)$ (2) $x=2$, $y=2$

확인 20 답 그래프는 해설 참조, $x=-1$, $y=2$

두 일차방정식 $-x+y=3$, $3x+2y=1$의 그래프를 좌표평면 위에 나타내면 오른쪽 그림과 같다. 따라서 주어진 연립방정식의 해는 $x=-1$, $y=2$이다.

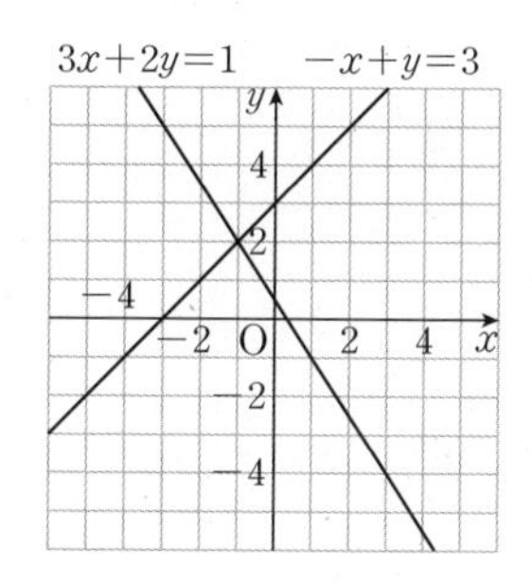

기본 10-1 미지수가 2개인 연립일차방정식

$\begin{cases} ax+by+c=0 \\ a'x+b'y+c'=0 \end{cases}$ 의 해는 두 일차함수 $y=-\frac{a}{b}x-\frac{c}{b}$, $y=-\frac{a'}{b'}x-\frac{c'}{b'}$의 그래프의 교점의 좌표와 같다.

답 ×

응용 10-2 $4x-y+9=0$에 $x=-3$, $y=b$를 대입하면

$-12-b+9=0$, $-b=3$

$\therefore b=-3$

$ax+2y+3=0$에 $x=-3$, $y=-3$을 대입하면

$-3a-6+3=0$, $-3a=3$

$\therefore a=-1$

$\therefore a+b=-1+(-3)=-4$

답 ②

확장 10-3 주어진 세 일차방정식의 그래프가 한 점에서 만나므로 연립방정식 $\begin{cases} 2x-y=5 \\ x+4y=-2 \end{cases}$ 의 해가 일차방정식 $3x-2y=2a$를 만족시킨다.

연립방정식 $\begin{cases} 2x-y=5 & \cdots\cdots ㉠ \\ x+4y=-2 & \cdots\cdots ㉡ \end{cases}$ 에서

㉠$-$㉡$\times2$를 하면

$-9y=9$ $\therefore y=-1$

㉠에 $y=-1$을 대입하면

$2x+1=5$, $2x=4$

$\therefore x=2$

$3x-2y=2a$에 $x=2$, $y=-1$을 대입하면

$6+2=2a$, $2a=8$

$\therefore a=4$

답 ③

개념 11

| 본문 124쪽 |

(가) 없다 (나) 무수히 많다 (다) $\frac{a}{a'}=\frac{b}{b'}\neq\frac{c}{c'}$

(라) $\frac{a}{a'}=\frac{b}{b'}=\frac{c}{c'}$

확인 21 답 (1) ㄴ, ㄷ (2) ㄱ (3) ㄹ

ㄱ. $\frac{2}{4}=\frac{1}{2}\neq\frac{-1}{2}$이므로 교점이 없다.

ㄴ. $\frac{1}{3}\neq\frac{3}{3}$이므로 교점이 한 개이다.

ㄷ. $\frac{-3}{2}\neq\frac{2}{-3}$이므로 교점이 한 개이다.

ㄹ. $\frac{1}{-2}=\frac{-5}{10}=\frac{-2}{4}$이므로 교점이 무수히 많다.

(1) 교점이 한 개인 것은 ㄴ, ㄷ이다.

(2) 교점이 없는 것은 ㄱ이다.

(3) 교점이 무수히 많은 것은 ㄹ이다.

확인 22 답 (1) $a\neq3$ (2) $a=3$, $b\neq4$ (3) $a=3$, $b=4$

(1) 주어진 연립방정식의 해가 한 쌍이려면 두 일차방정식 $ax-y=2$, $6x-2y=b$의 그래프의 교점이 한 개이어야 하므로

$\frac{a}{6}\neq\frac{-1}{-2}$ $\therefore a\neq3$

(2) 주어진 연립방정식의 해가 없으려면 두 일차방정식 $ax-y=2$, $6x-2y=b$의 그래프의 교점이 없어야 하므로

$\frac{a}{6}=\frac{-1}{-2}\neq\frac{2}{b}$ $\therefore a=3,\ b\neq4$

(3) 주어진 연립방정식의 해가 무수히 많으려면 두 일차방정식 $ax-y=2$, $6x-2y=b$의 그래프의 교점이 무수히 많아야 하므로

$\frac{a}{6}=\frac{-1}{-2}=\frac{2}{b}$ $\therefore a=3,\ b=4$

기본 11-1 두 일차함수의 그래프가 평행하다는 것은 두 일차함수의 그래프의 기울기는 같고 y절편은 다르다는 뜻이다. 즉, 두 일차함수 $y=ax+b$, $y=a'x+b'$의 그래프가 평행하면 $a=a'$, $b\neq b'$이다.

답 ×

응용 11-2 연립방정식 $\begin{cases}5x-y+10=0\\-ax+y-ab=0\end{cases}$의 해가 무수히 많으므로

$\frac{5}{-a}=\frac{-1}{1}=\frac{10}{-ab}$ $\therefore a=5,\ b=2$

답 ④

확장 11-3 ① $\frac{1}{2}=\frac{-1}{-2}=\frac{4}{8}$이므로 해는 무수히 많다.

② $\frac{1}{-1}\neq\frac{1}{-2}$이므로 해는 한 쌍이다.

③ $\frac{2}{-2}=\frac{-1}{1}\neq\frac{-3}{-3}$이므로 해는 없다.

④ $\frac{1}{4}=\frac{-3}{-12}\neq\frac{6}{18}$이므로 해는 없다.

⑤ $\frac{2}{3}x-2y+4=0$의 양변에 3을 곱하면

$2x-6y+12=0$

즉, $\frac{1}{2}=\frac{-3}{-6}=\frac{6}{12}$이므로 해는 무수히 많다.

따라서 옳지 않은 것은 ①, ③이다.

답 ①, ③

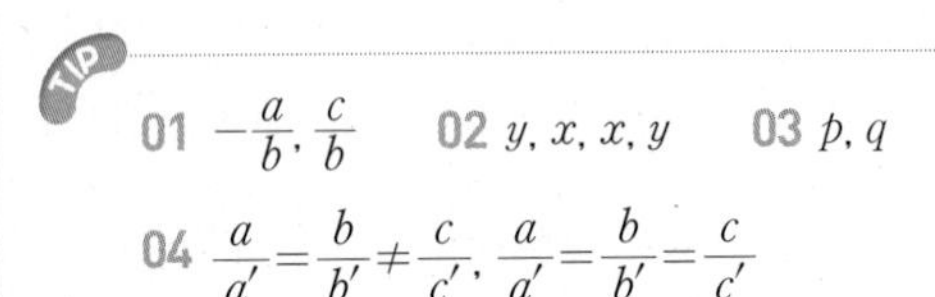

개념 09, 10, 11 마무리 | 본문 126~127쪽 |

01 ② 02 ③ 03 ③ 04 8

TIP

01 $-\frac{a}{b}$, $\frac{c}{b}$ 02 y, x, x, y 03 p, q

04 $\frac{a}{a'}=\frac{b}{b'}\neq\frac{c}{c'}$, $\frac{a}{a'}=\frac{b}{b'}=\frac{c}{c'}$

01 기울기는 2이고, y절편은 -5인 직선의 방정식은

$y=2x-5$ $\therefore 2x-y=5$

이 직선이 일차방정식 $ax+by=10$의 그래프와 일치하므로 $2x-y=5$의 양변에 2를 곱하면

$4x-2y=10$

따라서 $a=4$, $b=-2$이므로

$a+b=4+(-2)=2$

답 ②

02 x축에 평행한 직선은 $y=q$ 꼴이므로

$k+5=-2k-4$, $3k=-9$

$\therefore k=-3$

이때 주어진 직선의 방정식은

$y=k+5=-3+5=2$

답 ③

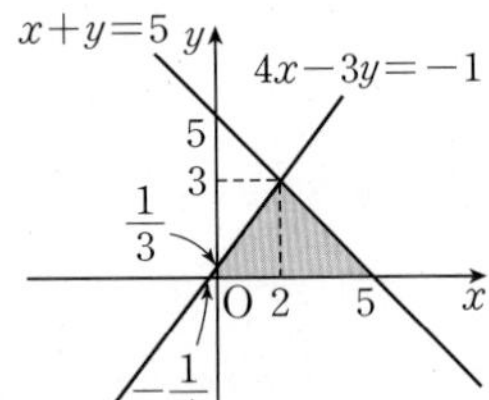

03 오른쪽 그림과 같이 두 일차방정식 $x+y=5$, $4x-3y=-1$의 그래프의 교점의 좌표는 $(2,\ 3)$이다.

따라서 구하는 삼각형의 넓이는

$\frac{1}{2}\times\left\{5-\left(-\frac{1}{4}\right)\right\}\times3$

$=\frac{1}{2}\times\frac{21}{4}\times3$

$=\frac{63}{8}$

답 ③

04 두 일차방정식 $ax-8y=-12$, $2x+by=-6$의 그래프의 교점이 무수히 많으므로

$\frac{a}{2}=\frac{-8}{b}=\frac{-12}{-6}$ $\therefore a=4,\ b=-4$

$\therefore a-b=4-(-4)=8$

답 8

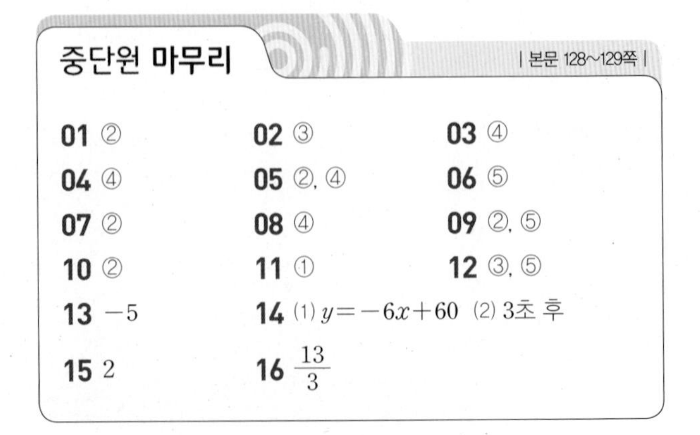

중단원 마무리 | 본문 128~129쪽 |

01 ② 02 ③ 03 ④
04 ④ 05 ②, ④ 06 ⑤
07 ② 08 ④ 09 ②, ⑤
10 ② 11 ① 12 ③, ⑤
13 -5 14 (1) $y=-6x+60$ (2) 3초 후
15 2 16 $\frac{13}{3}$

01 x의 값이 4만큼 증가할 때 y의 값은 3만큼 감소하므로 기울기는 $-\frac{3}{4}$이고, 점 $(0,\ -1)$을 지나므로 y절편은 -1인 직선이다.
따라서 구하는 일차함수의 식은
$y=-\frac{3}{4}x-1$ 답 ②

02 기온이 10 ℃씩 올라갈 때마다 소리의 속력은 초속 6 m씩 증가하므로 기온이 1 ℃씩 올라갈 때마다 소리의 속력은 초속 0.6 m씩 증가한다.
따라서 x와 y 사이의 관계식은
$y=331+0.6x$ 답 ③

03 $3x-6y+9=0$에서 $-6y=-3x-9$
$\therefore y=\frac{1}{2}x+\frac{3}{2}$
따라서 $a=\frac{1}{2}$, $b=\frac{3}{2}$이므로
$a+b=\frac{1}{2}+\frac{3}{2}=2$ 답 ④

04 두 일차방정식 $x+2y=6$, $2x-y=2$의 그래프의 교점의 좌표가 $(2,\ 2)$이므로 연립방정식 $\begin{cases} x+2y=6 \\ 2x-y=2 \end{cases}$의 해는 $x=2$, $y=2$이다. 답 ④

05 일차함수 $y=-\frac{1}{3}x+5$의 그래프와 평행하므로 기울기는 $-\frac{1}{3}$이다.
이때 구하는 일차함수의 식을 $y=-\frac{1}{3}x+b$로 놓으면 직선이 점 $(-6,\ 4)$를 지나므로
$4=2+b \qquad \therefore b=2$
따라서 구하는 일차함수의 식은 $y=-\frac{1}{3}x+2$
$y=-\frac{1}{3}x+2$에 각 점의 좌표를 대입하면 다음과 같다.
① $-1\neq-\frac{1}{3}\times(-9)+2=5$
② $\frac{7}{3}=-\frac{1}{3}\times(-1)+2$
③ $-2\neq-\frac{1}{3}\times0+2=2$
④ $\frac{4}{3}=-\frac{1}{3}\times2+2$
⑤ $3\neq-\frac{1}{3}\times3+2=1$
따라서 구하는 직선 위의 점인 것은 ②, ④이다. 답 ②, ④

06 두 점 $(-1,\ 3)$, $(2,\ 9)$를 지나는 직선의 기울기는
$\frac{9-3}{2-(-1)}=\frac{6}{3}=2$
이때 구하는 일차함수의 식을 $y=2x+b$로 놓으면 직선이 점 $(-1,\ 3)$을 지나므로
$3=-2+b \qquad \therefore b=5$
따라서 구하는 일차함수의 식은 $y=2x+5$이므로
$m=2$, $n=5$
$\therefore mn=2\times5=10$ 답 ⑤

07 주어진 직선이 두 점 $(2,\ 0)$, $(0,\ -3)$을 지나므로 기울기는
$\frac{-3-0}{0-2}=\frac{3}{2}$
이때 y절편은 -3이므로 구하는 일차함수의 식은
$y=\frac{3}{2}x-3$
이 직선이 점 $(k+2,\ -3k-1)$을 지나므로
$-3k-1=\frac{3}{2}(k+2)-3$, $-3k-1=\frac{3}{2}k+3-3$
$-\frac{9}{2}k=1 \qquad \therefore k=-\frac{2}{9}$ 답 ②

08 용수철 저울에 매단 추의 무게가 1 g 증가할 때마다 용수철의 길이가 3 cm씩 늘어나므로
$y=3x+50$
$y=3x+50$에 $x=11$을 대입하면
$y=33+50=83$
따라서 이 용수철 저울에 무게가 11 g인 추를 매달 때의 용수철의 길이는 83 cm이다. 답 ④

09 ① x축에 평행한 직선은 $y=q$ 꼴이므로 $y=-4$
② y축에 평행한 직선은 $x=p$ 꼴이므로 $x=-4$
③ x축에 수직인 직선은 $x=p$ 꼴이므로 $x=2$
④ y축에 수직인 직선은 $y=q$ 꼴이므로 $y=2$
⑤ x축과 이루는 각의 크기가 90°인 직선은 $x=p$ 꼴이므로 $x=-4$
따라서 방정식 $x=-4$의 그래프와 일치하는 것은 ②, ⑤이다.
답 ②, ⑤

10 $x=4$를 $x+y-2=0$에 대입하면
$4+y-2=0 \qquad \therefore y=-2$
$x=4$, $y=-2$를 $ax-y+1=0$에 대입하면
$4a+2+1=0$, $4a=-3 \qquad \therefore a=-\frac{3}{4}$ 답 ②

11 두 일차방정식 $x-ay=1$, $bx+y=4$의 그래프의 교점의 좌표가 $(-3,\ -2)$이므로 $x-ay=1$에 $x=-3$, $y=-2$를 대입하면

$-3+2a=1$, $2a=4$ $\quad\therefore a=2$

$bx+y=4$에 $x=-3$, $y=-2$를 대입하면

$-3b-2=4$, $-3b=6$ $\quad\therefore b=-2$

$\therefore ab=2\times(-2)=-4$

답 ①

12 ① $\frac{1}{1}\neq\frac{-1}{1}$이므로 해는 한 쌍이다.

② $\frac{1}{1}\neq\frac{-1}{4}$이므로 해는 한 쌍이다.

③ $\frac{2}{4}=\frac{1}{2}=\frac{1}{2}$이므로 해는 무수히 많다.

④ $\frac{-3}{4}=\frac{6}{-8}\neq\frac{-3}{-4}$이므로 해는 없다.

⑤ $-x-\frac{1}{2}y=-\frac{3}{2}$의 양변에 2를 곱하면

$-2x-y=-3$

즉, $\frac{2}{-2}=\frac{1}{-1}=\frac{3}{-3}$이므로 해는 무수히 많다.

따라서 해가 무수히 많은 것은 ③, ⑤이다.

답 ③, ⑤

13 두 점 $(-5,\ -2)$, $(-3,\ 6)$을 지나는 직선에 평행하므로 기울기는

$\frac{6-(-2)}{-3-(-5)}=\frac{8}{2}=4$

이때 구하는 일차함수의 식을 $y=4x+b$로 놓으면 직선이 점 $(2,\ -1)$을 지나므로

$-1=8+b$ $\quad\therefore b=-9$

따라서 구하는 일차함수의 식은 $y=4x-9$이므로

$m=4$, $n=-9$

$\therefore m+n=4+(-9)=-5$

답 -5

14 (1) 점 P가 1초에 2 cm씩 이동하므로

$\overline{BP}=2x(\text{cm})$ $\quad\therefore \overline{PC}=10-2x(\text{cm})$

따라서 x와 y 사이의 관계식은

$y=\frac{1}{2}\times\{10+(10-2x)\}\times 6$

$\therefore y=-6x+60$

(2) $y=-6x+60$에 $y=42$를 대입하면

$42=-6x+60$, $6x=18$

$\therefore x=3$

따라서 □APCD의 넓이가 42 cm^2일 때, 점 P는 점 B를 출발한 지 3초 후이다.

답 (1) $y=-6x+60$ (2) 3초 후

15 일차방정식 $2ax-by+3=0$의 그래프가 점 $(4,\ -3)$을 지나므로

$8a+3b+3=0$ $\quad\cdots\cdots$ ㉠

또, 방정식 $x=10$의 그래프에 수직이므로 $y=q$ 꼴이다.

즉, $2a=0$이므로 $a=0$

$a=0$을 ㉠에 대입하면

$3b+3=0$, $3b=-3$ $\quad\therefore b=-1$

$\therefore a-2b=0-2\times(-1)=2$

답 2

16 세 직선이 삼각형을 이루지 않으려면 세 직선 중 두 직선이 평행하거나 세 직선이 한 점에서 만나야 한다.

(i) 두 일차방정식 $2x+3y+4=0$, $ax-y+4=0$의 그래프가 평행할 때

$\frac{a}{2}=\frac{-1}{3}\neq\frac{4}{4}$ $\quad\therefore a=-\frac{2}{3}$

(ii) 두 일차방정식 $3x-y+6=0$, $ax-y+4=0$의 그래프가 평행할 때

$\frac{a}{3}=\frac{-1}{-1}\neq\frac{4}{6}$ $\quad\therefore a=3$

(iii) 세 일차방정식 $2x+3y+4=0$, $3x-y+6=0$, $ax-y+4=0$의 그래프가 한 점에서 만날 때

연립방정식 $\begin{cases}2x+3y+4=0 & \cdots\cdots ㉠\\ 3x-y+6=0 & \cdots\cdots ㉡\end{cases}$에서

㉠+㉡×3을 하면

$11x+22=0$, $11x=-22$ $\quad\therefore x=-2$

$x=-2$를 ㉠에 대입하면

$-4+3y+4=0$, $3y=0$ $\quad\therefore y=0$

$x=-2$, $y=0$을 $ax-y+4=0$에 대입하면

$-2a+4=0$, $-2a=-4$ $\quad\therefore a=2$

(i), (ii), (iii)에서 모든 a의 값의 합은

$-\frac{2}{3}+3+2=\frac{13}{3}$

답 $\frac{13}{3}$

대단원 핵심 한눈에 보기

| 본문 132쪽 |

01 (1) 하나 (3) $ax+b$ (4) 평행

02 (1) x (2) y (3) x (4) ① 위 ② 아래

03 (1) $ax+b$ (4) n

04 (1) $-\frac{a}{b}x-\frac{c}{b}$ (2) ① y ② x (3) 교점

MEMO

MEMO

MEMO

MEMO

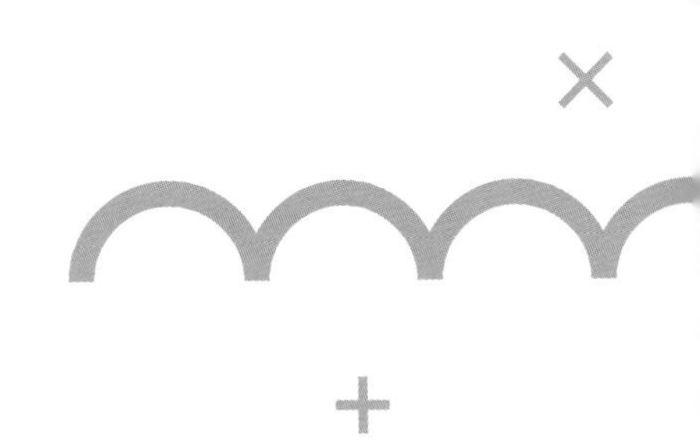

개념편 중등 2-1